वैज्ञानिक क्रान्ति और आधुनिक उपकरण

वैज्ञानिक क्रांति व आधुनिक उपकरण

रामकृष्ण वाजपेयी

वाक्
21-ए, दरियागंज, नई दिल्ली-110002

ISBN : 978-93-81018-40-8

वाक्
21-ए, दरियागंज, नयी दिल्ली-110002
द्वारा प्रकाशित

संस्करण : 2012

मूल्य : 295.00

जय भारत प्रिंटिंग प्रेस, शाहदरा, दिल्ली-110032
द्वारा मुद्रित

वाक्, वाणी प्रकाशन की सहयोगी संस्था

भूमिका

आधुनिक विज्ञान वैज्ञानिक क्रान्ति की ही उपज है। वैज्ञानिक क्रान्ति ने जीवन के प्रत्येक पक्ष को प्रभावित किया है। जीवन के साथ-साथ कला, संस्कृति व स्वयं विज्ञान को अधुनातन बनाने में निकटतम प्रेरणा दी है। यह पुस्तक उन सभी तत्त्वों को जाहिर करेगी जोकि वैज्ञानिक क्रान्ति के प्रेरक थे और हमें आधुनिक बनने में किस प्रकार प्रेरित करते हैं।

पुस्तक की शैली सहज रखी गयी है लगभग कथात्मक। उम्मीद है पाठक इसे पसंद करेंगे।

अनुक्रम

विज्ञान और चेतना

1

जब मैं इंग्लैंड पहुँचा तो मेरी आयु बारह वर्ष की थी। जहाज़ से उतरते समय मैं मुश्किल से अंग्रेज़ी के वे दो ही शब्द बोल सकता था जो मैंने रास्ते में जहाज़ पर सीखे थे। उसके दो-तीन वर्ष बाद तक भी मैं अंग्रेज़ी आसानी से नहीं पढ़ सकता था। मुझे याद है कि मेरे धैर्यशील अध्यापकों ने शैली नामक जिस वस्तु का परिचय मुझे कराया था, उसका अनुभव मैंने पहले-पहल मेकाले और जोसेफ़ कानराड की कृतियों में किया। हाँ, यह याद नहीं कि उस समय मैं उनका शैलीगत अंतर भी समझ लेता था या नहीं। बड़ी उत्सुकता, चाव और चाहत से मैंने वांगमय जारी रखा। पढ़ते समय मुझे निरंतर इस बात का स्फूर्तिपूर्ण आभास रहता कि एक नया साहित्य ढूँढ़ रहा हूँ। धीरे-धीरे इस साहित्य की महानता का भी बोध हुआ। परंतु उस समय मुझ में एक कमी थी जो अब भी है। वह है गौरव-ग्रंथों का अक्रमबद्ध अध्ययन। कभी डिकन्स, कभी एफ्राबेन और बर्नार्डशॉ को। अनेक शताब्दियों के साहित्य को यूँ ही छोड़ दिया। आज तक मैंने वेवरली उपन्यास नहीं पढ़े। उसका परिणाम यह हुआ है कि ऐतिहासिक रोमांसों के प्रति संवेदना ही नहीं जगी, विशेषकर ऐसे उपन्यासों के प्रति जिनमें संवाद बोली में हों।

मैं ये त्रुटियाँ इसलिए स्वीकार करता हूँ क्योंकि ऐसी और लोगों के साथ

भी बीती होंगी। मुझे जिन कठिनाइयों का सामना करना पड़ा, वे केवल मेरी ही नहीं, और ये कठिनाइयाँ कोई साहित्यिक कठिनाइयाँ भी नहीं हैं। इसके विपरीत मुझे तो ऐसा लगता है कि ये कठिनाइयाँ वैसी हैं जैसी दूसरे लोगों को विज्ञान के संबंध में होती हैं। मूलतः जो कठिनाइयाँ एक नये साहित्य को ग्रहण करने में मुझे हुईं, वे वही हैं जो आज प्रत्येक सुबुद्ध व्यक्ति आधुनिक विज्ञान को समझने के प्रयत्न में पाता है।

हम अपने चारों ओर वैज्ञानिक उपकरण (apparatus) देखते हैं। जैसे डीज़ल इंजन और प्रयोग, एस्प्रीन की गोलियों की शीशी और मत सर्वेक्षण। सामान्यतः हम इनसे अलिप्त रहते हैं, परंतु इनकी पृष्ठभूमि में हमें विज्ञान के नये महत्त्व का बोध होता रहता है। अब हम समझ गए हैं कि विज्ञान निर्माण संबंधी ऐसी तकनीकों (techniques) का अव्यवस्थित संग्रह मात्र नहीं, जो तेज़ाब से जले हाथों और इस्पाती फ्रेमों वाले चश्मे पहने प्रयोगशालाओं के उन अन्वेषकों द्वारा काम में लाए जाते हैं जिन्हें पारिवारिक जीवन में कोई रुचि नहीं होती। अब हम यह समझ रहे हैं कि विज्ञान एक विशेष प्रणाली है, एक शक्ति है, जिसका एक विशेष अभिप्राय है और विशेष स्फूर्ति है। हम जानते हैं कि वॉल्वों, फ़ॉर्मूलों और शीशे के चमकीले उपकरणों के झमेले में कहीं-न-कहीं कोई मूल तत्त्व छिपा है, एक नयी संस्कृति है जिसको हमें स्वीकार करना चाहिए।

इस विशेष शब्द व्यूह को पार करके हम इसे किस प्रकार समझें और फिर कैसे ऐसी भाषा में व्यक्त करें जो सर्वबोध्य हो ? सामान्य लोगों के सामने वही समस्याएँ रहती हैं जो लड़कपन में मुझे पेश आईं। जब कोई व्यक्ति समाचार-पत्र उलटता-पुलटता है तो वह मोटे-मोटे या टेढ़े अक्षरों में लिखा देखता है; इलैक्ट्रॉनिक मस्तिष्क (Electronic Brain) या पराध्वानिक उड़ान (Supersonic Flight) या क्या मंगल में कोई रहता है ? परंतु ये मोटे-मोटे या टेढ़े अक्षर उसके लिए संकेत ही बने रहते हैं। उनकी भाषा उसके लिए वैसी ही विचित्र होती है जैसी कि मेरे लिए 'दी अनाटामी ऑफ मेलंकली' की थी, जब मैं पंद्रह वर्ष का था। उसे केवल थोड़े से ही शब्दों का ज्ञान है : यह ऊपरी ज्ञान उसे अन्य लोकप्रिय लेखों, अपने स्कूल के दिनों की रसायन विज्ञान प्रयोगशाला की स्मृतियों और इतिहास की पुस्तकों में इधर-उधर बिखरे

वैज्ञानिकों के कुछ नामों से प्राप्त होता है। अंग्रेज़ी इतिहास से अनभिज्ञ होने के कारण मुझे वहाँ का साहित्यिक विकास समझ में नहीं आया। मुझे अच्छी तरह से याद है कि मैं मार्लो, कालरिज और एच. जी. वेल्स जैसे नामों की सूची देखकर अपने को अबोध-सा पाता था। उनको ऐतिहासिक क्रम में रखना, मेरे लिए संभव नहीं था। मेरे सामने जो कठिनाई आती थी उसका चित्रण करना मुश्किल है, किंतु यह वैसी ही कठिनाई है जिसका अनुभव प्रत्येक पाठक करता है जब उसके सामने नेपीयर, हम्फ्री डेवी और रुदरफोर्ड के नाम आते हैं। ये तीनों वैज्ञानिक उपर्युक्त तीनों लेखकों के समकालीन थे और किसी भी दृष्टि से उनसे न्यून नहीं थे।

2

निस्संदेह इतिहास के ज्ञान मात्र से, चाहे वह विज्ञान का इतिहास ही क्यों न हो, विज्ञान का काम नहीं चलेगा। किंतु इससे हमें विज्ञान के विकास की पृष्ठभूमि का पता चलता है ताकि समाचार-पत्र के शीर्षक को पढ़ने के बाद हम यह समझ सकें कि इसका संबंध हमारी ही दुनिया से है। हमारा चाहे कैसा भी मानववादी दृष्टिकोण हो, इतिहास के ज्ञान से विज्ञान के साथ संपर्क बनाने में सहायता मिलती है। और ऐसा इसलिए होता है क्योंकि इतिहास का ज्ञान केवल ऐतिहासिक एकता ही स्थापित नहीं करता वरन् ज्ञान की एकता भी स्थापित करता है। साधारण व्यक्ति के लिए कला के साथ विज्ञान की एकता ही विज्ञान की कुंजी है। वह विज्ञान को संस्कृति के रूप में तब धारण करेगा जब वह अपनी संस्कृति में ही उसके विकास को ढूँढ़ने का प्रयत्न करेगा। यह बात कि कला और विज्ञान अलग-अलग हैं और इनका किसी भी तरह मेल नहीं बैठता, आधुनिक युग के कुछेक घातक पूर्वाग्रहों में से एक है। वैज्ञानिक प्रवृत्ति को कलात्मक प्रवृत्ति के विपरीत देखना हमारा स्वभाव बन गया है। हम उन्हें सृजनात्मक और आलोचनात्मक दृष्टिकोण से देखते हैं। हमारे जैसे समाज में, जिसमें श्रम का विभाजन होता है, निस्संदेह सुविधा की दृष्टि से ही वैज्ञानिक कार्य को कलात्मक कार्य से अलग रखा जाता है। ठीक इसी प्रकार विचारों का कार्य भावनाओं के कार्य से भिन्न होता है और उसकी पूर्ति करता है। परंतु मानव जाति विचारकों और चिंतकों में नहीं बँटी है और यह

स्थिति बहुत देर तक नहीं चल सकती।

विज्ञान और आत्मा के बीच बहुत-सा यह विवाद विक्टोरिया युग के उन धार्मिक समर्थकों ने खड़ा किया था जो विज्ञान को भौतिकवादी (Materialistic) और अनात्मवादी मानते थे। विज्ञान केवल आलोचनात्मक है—यह उपहास उन्नीसवीं शताब्दी की अंतिम दशाब्दी में उन कायर और बनावटी कलाकारों ने किया ताकि तुलनात्मक दृष्टि से वे सृजनात्मक और अंतर्प्रेरणीय कलाकार प्रतीत हो सकें। किंतु उनका यह कपट उनके इस ज्ञान को न छिपा सका कि उस समय के योग्यतम व्यक्ति विज्ञान की नई-नई शाखाओं के साहसिक कार्यों की ओर आकर्षित हो रहे थे। यह एक ऐसी लहर थी जिसकी कल्पना पचहत्तर वर्ष पूर्व पीकाक ने अपनी पुस्तक 'दी फोर एजिस आफ पोइट्री' में की थी।

तब से अति उत्साही बुद्धिमान युवकों के लिए कला और विज्ञान प्रतिस्पर्धा का विषय रहे हैं। यह प्रतिस्पर्धा इस बात का प्रत्यक्ष प्रमाण है कि बुद्धिमान व्यक्ति ये दोनों ही काम समान रूप से कर सकते हैं। बुद्धि-घटकों (Intelligence factors) का सामान्य संरूपण जो मेधावी तथा मेधाहीन व्यक्ति में अंतर करता है, किन्हीं दो व्यक्तियों, मानववादी (Humanist) और वैज्ञानिक (Scientist) में समान होता है। यह हमारी पीढ़ी की उन गिनी-चुनी मनोवैज्ञानिक खोजों में से एक है जिनका प्रतिपादन हम उचित निश्चय के साथ कर सकते हैं। हममें शिक्षा और अनुभव के आधार पर भिन्नता पाई जाती है और यह अवश्य होती है। यद्यपि हमारी अभिरुचियों में भिन्नता कम होती है किंतु इनके अतिरिक्त हमारी योग्यता का आधार एक ही होता है। यही कारण है कि मैं जन-साधारण और वैज्ञानिकों, दोनों के लिए विश्वासपूर्वक लिखता हूँ क्योंकि वह पाठक, जिसकी किसी भी ऐसे कार्य में रुचि हो, जिसके लिए विचारों और निर्णय की आवश्यकता हो, निश्चय ही ऐसा व्यक्ति है जिसे विज्ञान के संबंध में बताया जा सकता है। बहरा यह व्यक्ति नहीं बल्कि विशेषज्ञ—कला-विशेषज्ञ और साथ ही विज्ञान विशेषज्ञ हैं जो गूंगे भी रहे हैं।

बहुत से व्यक्ति यह कह कर बैठ जाते हैं कि वे यांत्रिक चीज़ों को नहीं समझ सकते या उनके दिमाग़ में आंकड़े नहीं बैठ सकते। इन मान्यताओं के कारण वे ऐसा अनुभव करते हैं कि मानो वे विरत हो गए हैं और उनकी

जान छूट गई है। निस्संदेह इस प्रकार वे अपने आप को बड़े संकट से बचा लेते हैं। किंतु वह पाठक जिसमें कोई भी चीज़ समझने की क्षमता है, वस्तुतः वह जो भी चीज़ समझना चाहे निश्चयपूर्वक समझ सकता है। उदाहरण के लिए, गणित में उसकी रुचि सामान्यतः पढ़ाने की पुरानी परिपाटी के कारण ठीक उसी प्रकार समाप्त हो जाती है जैसे पाठ्यक्रम में नियत पुस्तक और शेक्सपियर के नाटक से बहुत से वैज्ञानिकों की (और इस मामले में वैज्ञानिकों से भिन्न व्यक्तियों की) साहित्यिक रुचि समाप्त हो जाती है। कुछ ही व्यक्ति ऐसा कहेंगे कि जिन लोगों की कविता में रुचि स्कूल सर्टिफिकेट की परीक्षा तक भी नहीं रहती वे मूलतः कविता को नहीं समझते। फिर भी ये लोग ख़ुशी-ख़ुशी विज्ञान का बौद्धिक आनंद भी ऐसे छोड़ देते हैं जैसे यह आनंद केवल विशेष प्रकार की बुद्धि वाले लोगों के लिए सुरक्षित हो। विज्ञान कोई विशेष ज्ञान नहीं। विज्ञान अपने नाम के शाब्दिक अर्थ ज्ञान जितना ही व्यापक है। विशेष योग्यता-प्राप्त व्यक्ति की धारणा तुलनात्मक दृष्टि से उतनी ही आधुनिक है जितनी कि 'वैज्ञानिक' की, जो केवल सौ वर्ष पुरानी ही है।

3

अतएव यह लिखते समय वह पाठक मेरे ध्यान में है जिसकी विज्ञान की अपेक्षा विज्ञान की शाखाओं में कम रुचि है। पिछली शताब्दी में 'मकेनिकस इंस्टिट्यूट्स' में अपने आप पढ़ने की परंपरा थी जो उस समय, वास्तव में गर्व की बात थी। किंतु यह परंपरा अब समाप्त हो चुकी है। इससे कोई विशेष हानि नहीं हुई क्योंकि लोगों में विज्ञान के प्रति रुचि बढ़ गई है और हम सभी इस बात को जानते हैं। आजकल जो लोग विज्ञान का ज्ञान प्राप्त करने के लिए लालायित हो रहे हैं उन्हें 'तकनीकी' जानकारी की कोई आवश्यकता नहीं। वे अब उतने अभागे नहीं रहे जो यदि बारह वर्ष की आयु में किसी कारख़ाने में काम करने के लिए न भेज दिए जाते तो प्रयोगशाला' में भी काम करना पसंद करते। मैं यह मानता हूँ कि जो लोग इस किताब को पढ़ते हैं उन्हें, अपने ज्ञान और कर्म के बारे में पूरा-पूरा संतोष है और वे 'कंपाउंड ई' के आविष्कार के विषय में बनाए गए दूसरे रूपक के सफ़ेद-कोट वाले नायक जैसे नहीं हैं। और मैं यह नहीं मानता कि उन्हें इलैक्टॉन सूक्ष्मदर्शी

(Microscope) या रेडियोधर्मी (Redio active) आयोडीन के चमत्कारों से अवश्य ही आनंद मिलना चाहिए। मेरे विचार में पाठक ऐसे लोग हैं जिन्हें यह ज्ञान है कि जिस संसार में उन्होंने जन्म लिया है वह उनके जीवन काल में ही बदल रहा है और उन्हें इस परिवर्तन के बारे में जानने की उतनी ही उत्सुकता है जितनी उन्हें अपने निकट पड़ोस—साहित्य में या कला में या स्थानीय राजनीति में या टेनिस क्लब के कार्यों में होने वाली नई बातों के लिए होती है।

स्थायी महत्त्व के इस परिवर्तन तथा उसके परित्याग के बारे में कुछ लोगों को अवश्य ही संदेह है। किंतु कई लोग जान-बूझकर या आकुलता के कारण इस परिवर्तन से अपनी आँखें मूँद लेते हैं, और बहुत देर तक वे इस परिवर्तन का सामना करने से डरते रहते हैं क्योंकि उन्हें इस बात को स्वीकार करने से डर लगता है कि यह लहर उनके जीवन में परिवर्तन ला रही है, उनकी जानी-पहचानी दुनिया की महत्त्वपूर्ण बातों को समाप्त किए जा रही है, उनकी मान्यताओं से ऊपर उठ रही है और अंत में उनके अहं भाव को भी डुबो रही है जो उनके जीवनकाल में रहना ही चाहिए। फिर भी ये डर साधारण व्यक्तिगत डरों की तुलना में सामाजिक परिवर्तन से संबंधित नहीं जो विज्ञान के कारण हो रहा है। उन्हें डर है कि संसार में कोई ऐसी चीज़ हो रही है जिसे हम समझ नहीं सकते और जो मेधावी और नवयुवकों के साथ मित्रता के रास्ते में रोड़ा है।

मेरा विश्वास है ये सब डर निराधार हैं। मैं यह मानता हूँ कि किसी भी ऐसे व्यक्ति के लिए जो बातचीत करना पसंद करता हो और अक्सर समाचार-पत्र का दूसरा अग्रलेख पढ़ता हो और विज्ञान संबंधी बड़ी-बड़ी बातें उसे अटपटी न लगती हों, उसके लिए विज्ञान को समझना उतना ही सरल है जितना कि एक वैज्ञानिक का किसी जीवन चरित्र के प्रति अभिरुचि रखना। ये कठिनाइयाँ भाषा की और अज्ञात व्यक्तिगत भय की हैं। ये कठिनाइयाँ उन उत्साही वैज्ञानिकों द्वारा पैदा की जाती हैं जो ऐसे लिखते हैं मानो जनसाधारण उनकी दया का पात्र हो और उसके साथ वे इस प्रकार व्यवहार करते हैं जैसे किसी ऐसे पथभ्रष्ट भावी वैज्ञानिक के साथ किया जाता है जिसकी रुचि नाभिक (Nucleus) में हो। मेरे ध्यान में ऐसा कोई पाठक नहीं। मैं अपने पाठकों,

वैज्ञानिकों और जनसाधारण को संतुलित व्यक्ति मानता हूँ जो संसार की गति को अनुभव करते हैं और जो अपने आसपास के अतिरिक्त विज्ञान की शक्तियों के विषय में पर्याप्त जानकारी प्राप्त करना चाहते हैं ताकि इतिहास के इस गंभीर और संपूर्ण प्रवाह में वे अपने अंशदान का मूल्यांकन कर सकें।

3

बहुत से लोग यह बहाना करते हैं कि विज्ञान ने धीरे-धीरे कला का गला घोंट दिया है या कला को तोड़-मरोड़ कर 'आधुनिक' भद्दा रूप दे दिया है, और इसलिए विज्ञान को एक ओर रखकर ही कला का पुनरुत्थान किया जा सकता है। निस्संदेह साधारणतः हमारी किशोर कला के पक्ष में यह केवल पुरानी मनोवृत्ति है जबकि बलि का बकरा विज्ञान नहीं बल्कि परिवर्तन है। परंतु जहाँ मनोवृत्ति कम पक्षपात करती है वहाँ भी यह भावना कला और विज्ञान की प्रगति के संबंध में भ्रम के कारण पैदा होती है। विज्ञान, उदाहरण के लिए, स्पष्ट रूप से आज आइसाक न्यूटन (Issac Newton) के समय की तुलना में अधिक शक्तिशाली है। इसके विपरीत कला शायद ही न्यूटन के समकालीन जॉन ड्राइडन के स्तर तक पहुँच सके। इसलिए स्वाभाविक रूप से यह निष्कर्ष निकालने को मन करता है कि विज्ञान पुराने विचारों को छोड़कर लगातार आगे बढ़ रहा है जबकि महान् साहित्य स्थायी होता है। किंतु यह विचारों का बेकार झमेला है। आज ड्राइडनों की अपेक्षा न्यूटन अधिक नहीं मिलते, और आधुनिक विज्ञान के संबंध में न्यूटन के कार्य का उतना ही महत्त्व है जितना आधुनिक गद्य के सम्बन्ध में ड्राइडन के गद्य का। ड्राइडन और न्यूटन दोनों ने ही ज्ञान के अपने-अपने क्षेत्र में बिल्कुल नई संभावनाओं का परिचय दिया। इस दृष्टि से दोनों अद्वितीय हैं कि दोनों अग्रणी तथा महान् सफल व्यक्ति थे। दोनों में से कोई भी अन्य दृष्टि से अद्वितीय न था।

इस धारणा के समर्थन में, कि विज्ञान से संस्कृति का नाश होता है, कभी-कभी ऐतिहासिक आँकड़े भी प्रस्तुत किए जाते हैं कि कला का विकास तभी हुआ जब विज्ञान की उपेक्षा की गई। यह दावा प्रत्यक्ष रूप से इतिहास के इतना विपरीत है कि मेरे लिए इस संबंध में चर्चा करना कठिन है। कला का ऐसा कौन-सा स्वर्ण युग है जिस पर कलाविहीन यांत्रिकी (Mechanics)

का दुष्प्रभाव न पड़ा हो ? कहाँ था ऐसा युग ? क्या पूर्व में ? मिस्र, भारत और अरब की सभ्यताएँ इस बात को झुठलाती हैं। इंग्लैंड में लोग जिस एक पूर्वी कवि को जानते हैं वह ईरानी खगोलवेत्ता (Astronomer) उमर खैयाम था। तो फिर क्या पश्चिम में ? पश्चिमी संस्कृति का उदय यूनान में हुआ, और यूनान के उस महान् युग में किसी भी आधुनिक युग की अपेक्षा कला और विज्ञान के बीच अधिक निकट संबंध था। पाइथागोरास का निवास-काल एस्काइलिस द्वारा यूनानी नाटक की रचना से पूर्व का है। सुकरात ने अपना उपदेश उस समय दिया जब यूनानी नाटक अपनी चरम सीमा पर था। तो क्या सुकरात का संबंध कला से है या विज्ञान से ? और विद्वान् अफ़लातून, जिसके आदर्श राज्य में कवियों के लिए कोई स्थान नहीं था, उस समय हुआ जब अरिस्टोफेन्स ने यूनानी नाटक का भविष्य बिल्कुल समाप्त कर दिया था। विज्ञान और कला के इन महारथियों के उदाहरण ने पुनर्जागरण (Renaissance) के काल में आधुनिक संसार में आग लगा दी। आरंभ से ही पुनर्जागरण काल के मानव का आदर्श और प्रतीक चित्रकार, वास्तुकार, गणितज्ञ और इंजीनियर लियोनार्डो डॉ. विन्सी रहा है और जो अब भी है। किसी भी व्यक्ति में स्पष्ट रूप से इतनी अधिक सार्वभौमिकता और प्रतिभा ऐक्य कभी भी दिखाई नहीं दिया।

इंग्लैंड में हम महारानी एलिज़ाबेथ के शासन काल को स्वर्ण युग कहते हैं, और वह युग विशेषतया वाणिज्यिक, औद्योगिक और साहित्यिक आविष्कारों का युग था। सर वॉल्टर रेले जैसे जलयात्री और साहसी उस युग के लियोनार्डो थे और स्वयं रेले की मित्र-मंडली पर जिसने क्रिस्टोफर मार्लो को युक्तिवादी बना दिया, एक गणितज्ञ और एक खगोलवेत्ता का प्रभुत्व था। चूँकि नौचालन खगोलविद्या पर आधारित है इसलिए नौचापलन में संसार और सौरमंडल के विषय में नई-नई खोजों के साथ-साथ प्रगति होती गई, और इसका परिणाम यह हुआ कि इन महान् नौचालकों की यात्राओं ने एलिज़ाबेथ युग के साहित्य को प्रेरित किया। इस प्रकार उस समय कला और विज्ञान के संसार और भौतिक संसार एक साथ प्रकट हुए। यह केवल संयोग की बात ही नहीं थी कि लागरिथ्म की पहली सारणी शेक्सपियर की नाटकों के प्रथम फोलियो के कुछ वर्ष के अंदर-अंदर ही प्रकाशित हो गई थी।

एलिज़ाबेथ की मृत्यु के साठ वर्ष बाद इंग्लैंड में एक और युग का विकास हुआ और वह था साहित्य के पुनःस्थापन (Rstroration) का युग। इस युग के बारे में मुझे इस पुस्तक में बहुत कुछ कहना है क्योंकि इस युग का एक प्रतीक था संसार की सबसे महत्त्वपूर्ण वैज्ञानिक संस्था की स्थापना। जिस बैठक में इस संस्था की स्थापना की गई वह खगोलविद्या के संबंध में एक भाषण से शुरू हुई और यह भाषण एक वास्तुकार क्रिस्टोफर रेन ने दिया। इस संस्था के अत्यंत उत्साही संस्थापकों में से एक ने इसका नाम रॉयल सोसायटी रखा और उसके लिए एक आदर्श वाक्य भी चुना। वह व्यक्ति था दैनिकीकार (Diarist) जॉन इवलीन। जब इस संस्था ने सरल और स्पष्ट गद्य को प्रोत्साहन देने का विचार किया तो इसने एक समिति नियुक्त की जिसमें संस्था के एक ऐसे सहयोगी को शामिल किया जो ऐसे लेख में विशेष रूप से दक्ष था। वह व्यक्ति था कवि जॉन ड्राइडन।

5

वस्तुतः साहित्य के स्वर्ण युग के महान् दिन थे जब विज्ञान और कला कंधे से कंधा मिलाकर चलते थे। क्या यह अब समाप्त हो गया है? साहित्यिक समालोचकों का कहना है कि हाँ, 1760 और 1800 के बीच इंग्लैंड में औद्योगिक क्रांति के समय विज्ञान और कला का यह सहयोग समाप्त हो गया था। तो भी यही समालोचक स्वच्छंदतावादी पुनर्जागरण (Romantic Revival) का समय भी 1759 में कालिन्स की मृत्यु के किसी समय से लेकर जो वर्डस्वर्थ के लिए अत्यंत महत्त्वपूर्ण है 1789 में 'लिरीकल बैले' के प्रकाशन के बीच मानते हैं। ये दोनों तारीख़ें लमभग एक-सी हैं। क्या इन्हें मस्तिष्क के अलग-अलग भागों में रखना उचित है ? क्या औद्योगिक क्रांति को एक प्रकार की मृत्यु समझना उचित है ? औद्योगिक क्रांति ने तो हमारे संसार को आधार प्रदान किया। इस क्रांति ने विज्ञान को खगोलविद्या से हटाकर उन विषयों की ओर आकर्षित किया जो निश्चित रूप से आधुनिक हैं और जो यांत्रिक शक्ति के प्रयोग पर आधारित हैं। और इस क्रांति ने स्वच्छंदतावादी कवियों और सुधारकों में वह चीज़ भर दी जिसे हम चेतना कहते हैं।

मैं कहता हूँ कि इस क्रांति ने हममें चेतना पैदा की यद्यपि निस्संदेह

मैंने केवल तारीख़ों के मेल की बात कही है कि ब्लेक और कॉलरिज और विल्बरफोर्स भी ऑर्कराइट और जेम्सवाद के समकालीन थे। इस सबकी पृष्ठभूमि में वे लोग जिन्हें अब भी यह भ्रम है, कि पूर्व-औद्योगिक इंग्लैंड अधिक चेतनाशील और सुसंस्कृत था, औद्योगिक युग की दुर्दशा की ओर संकेत करते हैं। खानों में काम करने वाली स्त्रियाँ, कारख़ानों में काम करने वाले बच्चे, खेतों में बाड़ लगाने से विनाश, अकाल, नेपोलियन से युद्ध और राजनीतिक प्रतिक्रिया—ये सब भयानक बुराइयाँ 1800 से और मशीनों के आविष्कार से कहीं पहले की हैं। डिफो की 1725 की पत्रिकाओं में स्त्रियों और बच्चों द्वारा अपने-अपने घरों में लगातार कई घंटों तक काम करने का अनेक स्थानों पर ज़िक्र मिलता है। फिर भी उस समय आगस्टन युग के आशावादियों ने इस संबंध में कभी अपना विरोध प्रकट नहीं किया। किंतु कारख़ानों में ये बुराइयाँ बिल्कुल सामने आ गईं और उनमें सुधार करने की प्रेरणा मिली—रॉबर्ट ओवन और वरिष्ठ पील से जो स्वयं कारखानों के मालिक थे। आज हमें इस बात से दुःख होता है कि 1790 के आसपास ब्लेक द्वारा हृदयस्पर्शी कविताएँ लिखने के लगभग अस्सी वर्ष बाद तक भी छोटे-छोटे लड़के चिमनियों के अंदर चढ़कर उन्हें साफ़ करते थे, ऐसे लड़कों में अंतिम जोसेफ़ लॉरेंस आज भी जीवित हैं। किंतु ब्लेक से सौ वर्ष पूर्व लड़कों को इस प्रकार चिमनियों में चढ़ाया जाता था और इसके विरोध में एडीसन या ग्रे या डॉक्टर जॉनसन ने एक भी पंक्ति नहीं लिखी। उन दिनों में नव आगस्टन युग अपनी चरम सीमा पर था, कानून की दृष्टि से स्कॉटलैंड के खनिक ऐसे ही गुलाम थे जैसे यूनान के खनिक सदा से गुलाम रहते आए थे और इन दोनों सभ्यताओं में से किसी ने भी उसे अपनी भूल नहीं समझा। इसलिए आज चीन और भारत और अन्य देशों में जहाँ अभी उद्योगों का विकास कम हुआ है, जीवन कठोर और श्रमसाध्य है और चेतना का अभी नाम नहीं। मैंने स्वयं ऐसा जापान में देखा है कि कारख़ानों में स्त्रियों और पशुओं में कोई भेद नहीं। इंजन ने और अश्वशक्ति ने घोड़े के लिए गंभीर चिंतन पैदा किया और औद्योगिक क्रांति ने हमारे लिए चेतना।

6

विज्ञान हमारी मान्यताओं को दो तरह से बदलता है, परिचित संस्कृति में यह

नए विचारों का समावेश करता है। और संस्कृति पर तकनीकी परिवर्तन का इस प्रकार प्रभाव डालता है, जैसा कि मैंने अभी-अभी बताया है, कि हमारी संस्कृति का संपूर्ण आधार ही अप्रत्यक्ष रूप से बदल जाता है। ऐसा लगता है कि मुद्रण के आविष्कार का कविता की विषय-वस्तु पर प्रत्यक्ष रूप से कोई प्रभाव नहीं पड़ा। किंतु जब किसी कविता को बार-बार पढ़ा जाता है तो कविता में पाठक की रुचि स्वभावतः लय से हटकर उसके अर्थों और संदर्भ में हो जाती है। इसी प्रकार फ़ोटोग्राफी के आविष्कार ने चित्रकार और उसके संरक्षक के मन में एकरूपता के प्रति रुचि को कम कर दिया है और अब उसे और अधिक औपचारिक ढंग में बदल दिया है। इन सूक्ष्म परिवर्तनों से हमारी संपूर्ण चेतना का नए सिर से निर्माण किया गया है।

विज्ञान और कला में ऐसी विषमता नहीं जैसी बहुत से लोग सोचते हैं। बुद्धिमानी अव्यवसायियों (Amateurs) की भाँति आधुनिक साहित्य, संगीत और चित्रकला समझने में हमें जिन कठिनाइयों का सामना करना पड़ता है वे कम महत्त्वपूर्ण नहीं हैं। वे हमारी संस्कृति में विस्तृत और सामान्य भाषा के अभाव का एक चिह्न हैं। आधुनिक विज्ञान की बुनियादी बातों को समझने के लिए हमें जिन कठिनाइयों का सामना करना पड़ता है वे भी उसी अभाव की सूचक हैं। पुनःस्थापन काल में विज्ञान और कला की एक ही भाषा थी। किंतु आज ऐसा नहीं है। इसका कारण यह है कि दोनों इस मामले में चुप हैं, अर्थात् दोनों की भाषा एक नहीं। और अब हम सबका यह कर्तव्य हो जाता है कि हम एक विश्वव्यापी भाषा का निर्माण करने का प्रयास करें, जो कला और विज्ञान, जनसाधारण और वैज्ञानिक को समान सूझ-बूझ के एक ही सूत्र में पिरो सके।

वैज्ञानिक क्रांति और मशीन

1

तीन ऐसे रचनात्मक विचार हैं जो बारी-बारी से विज्ञान का आधार रहे हैं। ये हैं : क्रम का विचार, कारणों का विचार और संयोग का विचार। यह पुस्तक

मुख्यतः इन्हीं विचारों के बारे में है। सबसे पहले मैं क्रम के विचार को लेता हूँ, जो इन तीनों में संभवतः अधिक परिवर्तनशील है। इनमें से कोई भी विचार ऐसा नहीं है जिसका संबंध केवल विज्ञान से हो और क्रम के विचार पर तो यह बात सबसे अधिक लागू होती है। ये बातें विज्ञान पर लागू होती हैं किंतु विज्ञान के साथ संबंध से पूर्व भी निस्सन्देह ये व्यापक थीं। ये विचार उन तकनीकों से अधिक व्यापक और गहन हैं जिनमें विज्ञान उन्हें अभिव्यक्त करता है। ये सहज बोध के विचार हैं, अर्थात् ये वे सामान्यीकरण हैं जो हम सब अपने दैनिक जीवन के अनुभवों के आधार पर करते हैं और जिनका उपयोग हम अपने जीवन को चलाने के लिए हमेशा करते रहते हैं।

दुःख की बात यह है कि सहज बोध का कोई लिखित इतिहास नहीं। वास्तविकता में हम प्रायः यह मान लेते हैं कि सहज बोध का कोई विकास नहीं हुआ और हम आज जिस बात को सहज बोध की संज्ञा देते हैं वह सभी के लिए हमेशा सहज बोध की बात रही है। निश्चय ही यह बात ठीक नहीं है।

विज्ञान इस सारी बात को बड़े सरल रूप से लिपिबद्ध कर लेता है। विज्ञान का अपना एक इतिहास है जिसमें इन विचारों के विकास को स्पष्ट रूप से देखा जा सकता है। इससे भी बड़ी बात यह है कि इस इतिहास में हम ऐसे अत्यंत रुचिपूर्ण क्षण भी ढूँढ़ सकते हैं, जब सहज बोध के विचारों के अंकुर फूट रहे थे। सत्रहवीं शताब्दी में इतिहास के तो ऐसे एक क्षण का स्पष्ट रूप से पता चल गया है। वह युग जिसने न्यूटन को जन्म दिया और जिसे न्यूटन ने जन्म दिया, अंग्रेज़ी विज्ञान की पराकाष्ठा और उसके नवीन प्रारंभ का युग था। और अब मैं सीधे न्यूटन पर आऊँगा क्योंकि उस युग का जितना स्पष्ट परिचय उस महान् व्यक्ति के असाधारण चरित्र से मिल सकता है उतना किसी अन्य चीज़ से नहीं मिल सकता।

2

किसी भी वैज्ञानिक अथवा चिंतक को आज तक आइसाक न्यूटन जितना गौरव प्राप्त नहीं हुआ। आज तक और किसी व्यक्ति की अपने युग और इस संसार पर इतनी गहरी छाप नहीं पड़ी, जब तक कि वह क्रामवेल या नेपोलियन जैसा

कर्मशील व्यक्ति न हो। क्रामवेल और नेपोलियन की भाँति न्यूटन की सफलता भी संयोग की ही बात थी या यूँ समझिए कि वह सफलता उसके व्यक्तित्व और अवसर की परस्पर प्रतिक्रिया का परिणाम थी। इनमें से प्रत्येक का चाहे वह कर्मशील व्यक्ति था या चिंतनशील, इतिहास में उस समय पदार्पण हुआ, जब सामाजिक अस्थिरता व्याप्त थी। न्यूटन सत्रहवीं शताब्दी की पाँचवी दशाब्दी के अशांत वातावरण में क्रामवेल की क्रांति के समय में पैदा हुआ था; 1660 में पुनःर्स्थापना के समय वह 18 वर्ष का था और उसकी 'प्रिंसिपिया' तब प्रकाशित हुई जब वे षड़यंत्र रचे जा रहे थे जिनके परिणामस्वरूप 1688 की क्रांति में विलियम ऑफ ऑरेंज को इंग्लैंड लाया गया। ऐसे ही क्षण होते हैं जब कोई सबल मन या शक्तिशाली व्यक्ति समय की आवाज़ को पहचानता है, जब उसके विचार बड़ी तेज़ी से आगे बढ़ते हैं और जब वह दूसरों की अनिश्चित चित्तावस्था में ऐसे रचनात्मक विचार फूँक सकता है जिनसे उन्हें अपने लक्ष्य के लिए कार्य करने की शक्ति प्राप्त होती है। ऐसे क्षण में जो व्यक्ति विचार और कर्म के क्षेत्र में दूसरों का नेतृत्व कर सकता है वह संसार का पुनर्निर्माण कर सकता है।

न्यूटन ऐसा ही व्यक्ति था। जटिल किंतु स्पष्ट बुद्धि वाले उस व्यक्ति ने, जिसका मस्तिष्क विचारों के कभी विक्षुब्ध न होने वाले इंजन के समान था, जो भी काम किया उस पर अपनी गहरी छाप छोड़ी। यह छाप है न्यूटन की कार्य शैली की, और उसके ढंग और उसके कार्य में तादात्म्य है। दोनों ही किसी एकाग्रचित्त व्यक्तित्व के प्रतिबिंब हैं।

विज्ञान कोई अवैयक्तिक चीज़ नहीं। विज्ञान व्यक्त किए गए विचार के किसी भी रूप से कम या अधिक व्यक्तिगत नहीं। चूँकि मेरा ढंग व्यक्तिगत है, केवल इसलिए यह पुस्तक कम वैज्ञानिक नहीं बन जाती। और मैं इसके लिए कोई सफ़ाई नहीं पेश करना चाहता। विज्ञान लोगों के सामान्य अनुभवों के बारे में खोज करता है, इसका निर्माण लोगों द्वारा होता है और इस पर उनकी छाप होती है। किसी बड़े व्यक्ति के काम करने के ढंग की छाप केवल उसके अपने काम पर नहीं पड़ती बल्कि उसके काम के द्वारा उसकी छाप पीढ़ियों तक अन्य व्यक्तियों के काम पर भी पड़ती है।

न्यूटन के काम करने की शैली और उसका काम शताब्दियों तक विज्ञान

पर छाये रहे और इस अवधि में विज्ञान की कार्यप्रणाली और विषय-वस्तु का निर्धारण इसी के द्वारा होता रहा। किंतु काम करने के तरीक़े पर किसी बड़े आदमी का ही एकाधिकार नहीं होता और उसका मूल्यांकन करने का काम भी केवल विशेषज्ञों के लिए सुरक्षित नहीं होता। स्कूल जाने वाला कोई एक लड़का, जो गंदे और अच्छे प्रूफ में अंतर कर सकता है, काम के ढंग को समझता है और उसमें आनंद लेता है। वास्तव में वह विज्ञान की शैली को शेक्सपियर की शैली की अपेक्षा असानी से समझ लेता है।

मैं इतनी दूरी से उसकी शैली, शैली भावना और उसकी बारीकियों को आप तक नहीं पहुँचा सकता। शैली ऐसी चीज़ नहीं जिसे ख़रीदा जा सके, डिब्बों में बंद किया जा सके या सुखाया जा सके। इसे सामान्य ज्ञान के इतिहास की किसी पुस्तक में विज्ञान या शेक्सपियर के अध्याय के दसवें और ग्याहवें पृष्ठ पर भी नहीं टिकाया जा सकता। हम सब यह जानते हैं कि संपूर्ण शेक्सपियर उसकी कृतियों के संग्रह के अतिरिक्त किसी और पुस्तक से नहीं जाना जा सकता। इसलिए यदि हम संपूर्ण न्यूटन के विषय में, उसके व्यक्तित्व और उसकी कार्य-पद्धति, उसके रूप और उसकी शैली के बारे में जानना चाहते हैं तो हमें उसकी 'प्रिंसिपिया' और 'ऑप्टिकस' नामक कृतियाँ अवश्य पढ़नी चाहिए। केवल इसी तरीक़े से हम उसके काम की विशेषता और गति की जानकारी प्राप्त कर सकते हैं। तभी हमें इस बात का परिचय मिल सकता है कि 'ऑप्टिक्स' की भाषा में कितना प्रवाह है और यह कितने आत्मविश्वास से लिखी गई है। इन बातों में 'ऑप्टिक्स' और एंटोनी एंड 'क्लियोपेट्रा' में असाधारण रूप से समानता है।

किंतु इसलिए हमें अपने आपको सौंदर्य शास्त्र तक ही सीमित नहीं रखना चाहिए। आख़िर हममें से बहुत कम ऐसे लोग हैं जो शैली को इतना अधिक महत्त्व देते हैं कि बाल्जाक और स्टेंढल तो क्या फलाबर्ट और प्रूस्त का भी अनुवाद पढ़ना सहज नहीं कर सकते। कोई विरला ही आदमी होगा जो केवल सौंदर्य-बोध के इस विशुद्धिवाद को बनाए रखने के लिए फ्रेंच भाषा पढ़े। इसी तरह हमें विज्ञान के संबंध में भी अनुवाद से ही संतोष कर लेना चाहिए। किसी युग की कला अथवा संगीत की शैली की भाँति उस युग के विज्ञान की भी एक विशेष शैली तो अवश्य होती है। किंतु विज्ञान की अपनी विशिष्ट

विषय-वस्तु और संरचना भी होती है जो किसी एक व्यक्ति के काम से कहीं बड़ी होती है और जिस की परिधि में वैज्ञानिकों का कार्यरूप और अर्थ धारण करता है। शेक्सपियर अपने समय के नाटककारों में से एक था और वे नाटककार एलिज़ाबेथ के युग के जलयात्रियों की विस्तारोन्मुख दुनिया और देशभक्ति पूर्ण अभियानों में समान रूप से भागीदार थे। न्यूटन रॉयल सोसाइटी के प्रारंभिक काल में, जिसकी अशांत पृष्ठभूमि का मैंने उल्लेख किया है, खोजे गए नए-नए वैज्ञानिकों में से एक था। केवल इतना ही जानने से हम उन सबकी उपलब्धियों का मूल्यांकन नहीं कर सकते, और कला या विज्ञान के मूल्यांकन का स्थान तो यह ज्ञान और भी कम ले सकता है। परंतु इससे हमें वह संदर्भ अवश्य उपलब्ध हो जाता है, जिससे हम अपनी निजी जिज्ञासा की एकांत विधि से निकल कर ज्ञान के उन्मुक्त तथा उर्वर प्रदेश पर दृष्टिपात कर सकते हैं।

3

इंग्लैंड के इतिहास में सत्रहवीं शताब्दी की सातवीं दशाब्दी के समान उत्साहवर्द्धक समय कभी नहीं आया जब रॉयल सोसाइटी की विधिवत् स्थापना की गई थी और यद्यपि यह अवसर और स्थानों पर कम नाटकीय था किंतु समस्त यूरोप के लिए यह बड़ा महत्त्वपूर्ण था। समुद्रगामी राष्ट्रों में खगोल विद्या की पुरानी परंपरा इंग्लैंड में न्यूटन के साथ और हॉलैंड में ह्यूजिन्स (Huygens) के साथ चरम सीमा पर पहुँचने वाली थी।

पुनःस्थापना के समय कौन-सी असाधारण बात थी ? हम सब पुनःर्स्थापन काल का आदर करते हैं और यह बात अपने आप में एक पहेली है। ऐसी वह कौन-सी बात है जिससे कारण राजा चॉर्ल्स द्वितीय के राज्य के प्रति लोगों के मन में प्रेम है ? निश्चय ही वह उस समय की राजनीतिक और साहित्यिक सफलता नहीं जिसका उल्लेख इतिहास की पुस्तकों में मिलता है। उस काल का सबसे अधिक कलपनाशील टोरी भी चॉर्ल्स द्वितीय को महान् राजा की संज्ञा नहीं दे सकता था। ड्राइडन एक महान् कवि था, पर कवि के नाते वह अपने पूर्ववर्ती मिल्टन की बराबरी नहीं कर सकता। जहाँ तक पुनःर्स्थापन युग के नाटककारों का संबंध है, हम उनकी कृतियों के हास्य रस से चाहे

कितना ही आनंद क्यों न ले लें, किंतु इससे उन्हें अंग्रेज़ी नाटक साहित्य में विशेष स्थान नहीं मिल सकता।

किंतु वास्तव में इस युग के प्रति हमारा आदर ठीक ही है क्योंकि उसका आधार इनके अतिरिक्त अन्य सफलताएँ हैं जो यद्यपि कम विख्यात परंतु व्यापक अधिक हैं। ये सफलताएँ साहित्यिक होने की अपेक्षा वैज्ञानिक अधिक हैं, किंतु ड्राइडन की उत्कृष्ट गद्य के समान न इन्हें विशुद्ध साहित्यिक कहा जा सकता है, न विशुद्ध वैज्ञानिक। ये एक उदार संस्कृति की प्रारंभिक सफलताएँ हैं और समस्त यूरोप में सहानुभूति और जिज्ञासा की बढ़ती हुई लहर का अंग हैं। इसे हम उन विचित्र परिस्थितियों में भी ढूँढ़ सकते हैं जिनके कारण, रक्तपात और हिंसा द्वारा स्थापित और घोषित तानाशाही शासन के लंबे दौर के बाद बिना खून की एक बूँद टपकाए और बिना बदले की भावना के चॉर्ल्स द्वितीय को वापस बुलाना संभव हो सका। और उन परिस्थितियों पर विचार कीजिए जिनमें चॉर्ल्स की वापसी के बाद रॉयल सोसाइटी की स्थापना की गई थी। सोसाइटी के अधिकतर नेता प्युरिटन प्रोफेसर थे और उनमें से कुछ ऐसे पदों पर आसीन थे जो क्रामवेल ने उनके लिए राजा के समर्थकों को निकाल कर ख़ाली कराए थे। गणितज्ञ जान वाल्लिस की प्रसिद्धि का प्रमुख कारण यह था कि उसने अपने ज्ञान का उपयोग क्रामवेल की सैनिक आवश्यकताओं को पूरा करने के लिए किया था। वह शत्रु की कूट भाषा का अर्थ निकालने की विद्या के प्रवर्तकों में से था। और तब से ही यह गणितज्ञों का परंपरागत युद्धकालीन काम रहा है। चॉर्ल्स द्वितीय की इन व्यक्तियों में कोई रुचि नहीं हो सकती थी और विज्ञान में उसे कोई अत्यधिक दिलचस्पी भी नहीं थी फिर भी इवलीन ने उसे अपनी नई संस्था का नामकरण करने के लिए राज़ी कर लिया। परिणाम यह हुआ कि साहित्यकार भी उस संस्था के सदस्य बनने के लिए उनके साथ प्रतिस्पर्धा करने लगे।

पेरिस की अकादेमी रॉयल द'साइंसिज में ह्यूजिन्स की भी यही स्थिति थी। क्रिश्चियन ह्यूजिन्स 1629 में हॉलैंड में पैदा हुआ था। उसके पिता और दादा ऑरेंज वंश को सेवा में कूटनीतिज्ञ थे। इस परिवार की द'कार्त के साथ मित्रता थी जो ह्यूजिन्स की युवावस्था में हालैंड में एक निर्वासित के रूप में रहता था। सत्रहवीं शताब्दी की सातवीं दशाब्दी में चौदहवाँ लुई ऑरेंज वंश

पर अपना दबाव डाल रहा था और कुछ समय पश्चात् उसने हॉलैंड पर आक्रमण कर दिया। फिर भी ह्यूजिन्स को, जो डच था, प्रोटेस्टेंट था और द'कार्त का अनुयायी था, 1666 में अकादेमी रॉयल की स्थापना के सिलसिले में सहायता देने के लिए फ्रांस बुलाया गया और वह सत्रहवीं शताब्दी की नवीं दशाब्दी तक उसका वरिष्ठ अधिकारी रहा। लेकिन बाद में प्रोटेस्टेंट-विरोधी नीति इतनी तेज़ हो गयी के उसे उस संस्था को छोड़ना पड़ा।

अकादेमी के लिए ह्यूजिन्स का व्यक्तित्व और नेतृत्व उतना ही महत्त्वपूर्ण था जितना उसके कुछ समय बाद रॉयल सोसाइटी के लिए न्यूटन का, जो ह्यूजिन्स से तेरह वर्ष छोटा था। वैज्ञानिक के रूप में ह्यूजिन्स न्यूटन के बराबर न था। उसमें न्यूटन के समान गणित या प्रयोग के सिद्धांतों के बारे में न तो उतनी गहरी सूझ-बूझ और दृष्टि थी और न ही उतना व्यापक ज्ञान। उसकी प्रवृत्ति अधिकांशत एक आविष्कारक और मैकेनिक जैसी थी और अंग्रेज़ी वैज्ञानिकों में जो वैज्ञानिक उससे बिल्कुल मिलता था वह था प्रयोगों का संग्रहपाल या रॉयल सोसाइटी का मंत्री रॉबर्ट हुक। उसका व्यक्तित्व कुछ अनोखा ही था। और न्यूटन के प्रति उसकी घृणा (और न्यूटन की उसके प्रति घृणा) के कारण उस काल के वैज्ञानिक तर्कों में कुछ उच्छृंखलता सी आ गई थी। हुक की तरह ह्यूजिन्स ने खगोल विद्या की सहायता के रूप में घड़ी में कुछ मूलभूत सुधार किए। वास्तव में ह्यूजिन्स ने समय का हिसाब रखने के यंत्र के रूप में लोलक (Pendulum) का आविष्कार किया और हुक ने उसी उद्देश्य से पहला पारणीय गतिक्रम यंत्र बनाया। न्यूटन तथा प्रत्येक अन्य वैज्ञानिक की भाँति, आविष्कारों की उस लहर में, इन दोनों में से प्रत्येक क्षेत्र बड़ा व्यापक था। ह्यूजिन्स ने शनि के वलयों की खोज की और अपकेन्द्रीबल (Centrifugul force) का फ़ॉर्मूला बनाया। उसने यांत्रिकी (mechanics) और प्रकाशिकी (Optics) के संबंध में बड़ा महत्त्वपूर्ण काम किया। उसका एक महत्त्वपूर्ण कार्य यह था कि उसने इन विषयों के बारे में नवयुवक वैज्ञानिक लाइब्नीज़ (Leibnitz) को प्रोत्साहन दिया।

मैंने यह कहा है कि ये व्यक्ति केवल वैज्ञानिक नहीं थे और न ही इन लोगों और अन्य विषयों के विशेषज्ञों की अभिरुचियों के बीच कोई दीवार थी। कलाकारों, लेखकों और वैज्ञानिकों की रुचियाँ और उमंगें समान थीं, इंग्लैंड

में रॉयल सोसाइटी के सदस्यों में रॉबर्ट बॉयल के साथ कवि डेन्हम और सेमुअल पेपीस के साथ गणितज्ञ वाल्लिस थे। इस सोसाइटी का संबंध गणित, फासिल, यांत्रिकी और जीव-विज्ञान (Botany) और धातु विज्ञान (Metallurgy) से लेकर जनसंख्या के आँकड़ों तक सभी व्यावहारिक विषयों से था। सोसाइटी की एकमेव सर्वव्यापी आकांक्षा थी, प्रयोग द्वारा प्रकृति के ज्ञान का विकास।

जो बात इंग्लैंड के लिए सत्य थी वह बात यूरोप महाद्वीप के लिए भी उतनी ही सत्य थी। यह सिद्ध करने के लिए कि समान हितों ने समस्त संसार की संस्कृति को किस प्रकार एक ही सूत्र में पिरो रखा था, आइए हम फिर ह्यूजिन्स की दुनिया की ओर चलें। पाठ्य-पुस्तकों में ह्यूजिन्स का नाम इसलिए लिया जाता है कि उसका विश्वास था कि प्रकाश तरंगों में चलता है और इस संबंध में उसने इस विचार को सफलतापूर्वक दर्शाया था। इसके बिल्कुल विपरीत न्यूटन का दृष्टिकोण था कि प्रकाश छोटी-छोटी गुटिकाओं (pellests) की धारा है और यद्यपि यह मामला इतना सरल नहीं, पर न्यूटन का दृष्टिकोण ग़लत था। परंतु इसमें देखने की बात यह है कि उस समय तत्कालीन संस्कृति पर और विशेषकर हॉलैंड में प्रकाशिकी का प्रभाव कितना अधिक था। ह्यूजिन्स रेम्बराँ, स्पिनोजा और महान् प्रकृतिवेत्ता लियुवेनहुक का समकालीन था। लियुवेनहुक ने सूक्ष्मदर्शक (Microscope) तैयार किया था। वह इस यांत्रिक तथा प्रेक्षणात्मक प्रवीणता द्वारा प्रकृति के पैने अध्ययन के लिए प्रसिद्ध था। स्पिनोजा लेंसों की घिसाई करता था। जर्मनी के 'मोची-कवियों' (Cobbler-poets) की भाँति वह अपने व्यवसाय की उपज था किंतु उसके व्यवसाय ने डचों के आविष्कार कार्य को जीवन प्रदान किया। स्वयं गेलीलियो ने यह बात सुनने के पश्चात् कि लेंसों की घिसाई करनेवाले डच लेंसों के ऊपर लेंस रख कर दूर तक देख सकते हैं, 1609 से अपनी दूरबीन (Telescope) का आविष्कार किया था। इन व्यक्तियों के दैनिक कार्य को ह्यूजिन्स के प्रकाश संबंधी विचारों और रेम्ब्राँ की चित्रकला से जोड़ना केवल कल्पना नहीं और न ही यह बात है कि इंग्लैंड में प्रकाश की ओर कोई ध्यान नहीं दिया जा रहा था। न्यूटन ने 'ऑप्टिक्स' में विभिन्न रंगों के साथ जिन प्रयोगों का वर्णन किया है, उन्होंने इंग्लैंड के चित्रकारों और कवियों को अत्यधिक प्रभावित किया है। पहले के कवियों की अपेक्षा अठारहवीं शताब्दी के कवियों का प्रकृति-वर्णन कहीं अधिक

चमकीले रंगों से भरा हुआ है। हमें पोप की कविता में सदा रंगों का सुंदर प्रवाह नहीं मिलता, शायद इसलिए कि इस प्रवाह का उदय वर्णक्रम (Spectrum) से हुआ है, जिसे हम भूल जाते हैं। किंतु पोप शेक्सपियर से तीन-चार गुना रंगों के नामों का प्रयोग करता है और उन्हें अक्सर दस गुना बार प्रयोग में लाता है।

इस प्रकार 1660 के आस-पास यूरोप के लोगों के विचारों में एक बहुत बड़ी क्रांति आ रही थी। यह थी वैज्ञानिक क्रांति और इसने संस्कृति के सभी पहलुओं को प्रभावित किया। कभी-कभी हम इस प्रकार बात करते हैं जैसे विज्ञान ने संस्कृति में हमारी अन्य सभी रुचियों को धीरे-धीरे समाप्त कर दिया है और वह धीरे-धीरे हमारी परंपरागत विचार-प्रणालियों का भी गला घोंट रहा हो। वस्तुतः ऐसी कोई बात नहीं। सत्रहवीं शताब्दी की वैज्ञानिक क्रांति एक सर्वतोमुखी क्रांति थी। यदि चिन्तनशील व्यक्तियों की सभी प्रकार की प्राकृतिक और दैवीय वस्तुओं संबंधी धारणाओं में पहले से ही काफ़ी परिवर्तन न आया होता तो यह क्रांति कभी न आती। इंग्लैंड में प्यूरिटनवाद और यूरोप में प्रोटेस्टों का बलिदान, कला के क्षेत्र में मार्वेल और मोलियर की कृतियाँ और राजनीतिक क्षेत्र में क्रामवेल की क्रांति और लुई चौदहवें की लड़ाइयाँ उक्त परिवर्तन की सूचक हैं। मानसिक प्रवृत्ति का यह परिवर्तन निश्चय ही कुछ पूर्व घटनाओं पर आधारित था। इसका मूल कारण यह था कि लाभ के उद्देश्य से व्यापार और उद्योग की उन्नति से मध्ययुगीन सामाजिक व्यवस्था का विघटन हो गया था, जो परंपरागत जागीरदारी और दस्तकारी पर आधारित थी। परंतु इन परिवर्तनों के आदि कारणों की ओर चलने से हम वैज्ञानिक क्रांति से बहुत दूर चले जाएँगे।

इस प्रसंग में महत्त्वपूर्ण बात यह है कि रॉयल सोसाइटी और अकादेमी रॉयल जिस परिवर्तन के चिह्न थे वह विज्ञान से कहीं अधिक विशाल और गंभीर थे और इन चिह्नों को वास्तवकिता में परिणत होने से पूर्व ऐसा होना स्वाभाविक ही था। हम यह कल्पना भी नहीं कर सकते कि चॉर्ल्स प्रथम और तेरहवाँ लुई इन संस्थाओं की सफलता की कामना कर सकते थे, किन्तु उनके उत्तराधिकारियों के लिए ऐसा करना स्वाभाविक था क्यों कि सत्रहवीं शताब्दी की सातवीं दशाब्दी में यह संस्थाएँ बहुत बड़े परिवर्तन की द्योतक हो गई थीं।

चॉर्ल्स द्वितीय और लुई चतुर्दश विज्ञान को कोई प्रोत्साहन नहीं दे रहे थे उन्होंने दृष्टिकोण में हो रहे परिवर्तन का केवल विरोध नहीं किया। अगली शताब्दी में वास्तव में एक प्रतिक्रिया हुई जो इतनी रोचक है कि हमें उस पर बड़े ध्यान से ग़ौर करना होगा। और यह प्रतिक्रिया हमें यह सोचने पर विवश कर देती है कि विज्ञान की आधुनिक प्रगति उसके पूर्व उद्देश्य के बिल्कुल विपरीत है। परन्तु ये बातें इतिहास के प्रवाह में तुच्छ भँवरों के समान हैं। सत्रहवीं शताब्दी एक भारी बाढ़ के समान थी। वह परिवर्तन का युग था, अस्थिरता का झूलता हुआ समय तब था जब क्रामवेल और न्यूटन जैसे व्यक्ति संसार को नया रूप दे सकते थे। उन्होंने सेवर्न बेध की तरह संसार पर प्रहार किया और देखते-ही-देखते उसे पलट दिया किंतु दृष्टिकोण में यह परिवर्तन बहुत पहले से हो रहा था जिसका तब तक किसी ने लाभ नहीं उठाया था। 1660 के आस-पास क्या हुआ ? यह जानने के लिए हमें उस समय से पहले विज्ञान और चिन्तन की पृष्ठभूमि का अवलोकन करना चाहिए और, यह देखना चाहिए कि परिवर्तन से पूर्व इसका रूप क्या था।

4

मध्यकाल का सम्पूर्ण विचार-विन्यास ऐसा है जिसे समझना आज हमारे लिए बहुत मुश्किल है। इसकी अपनी एक व्यवस्था थी किन्तु जिन सिद्धान्तों के आधार पर यह व्यवस्था की गई थी वे आज हमें ऊल-जलूल और अर्थहीन प्रतीत होते हैं। उस सीधे से प्रश्न को ही लीजिए जिसके विषय में यह कहा जाता है कि इसने न्यूटन का ध्यान गुरुत्त्वाकर्षण (gravitation) की समस्या की ओर खींचा : जब कोई सेब पेड़ से टूटता है तो वह ज़मीन पर क्यों आ गिरता है ? यह प्रश्न चौदहवीं शताब्दी से ही अक्सर पूछा जाता था जब इटली के पुनर्जागरण काल में चतुर और जिज्ञासु व्यक्तियों ने यंत्रीय संसार में रुचि लेनी शुरू की। इसके उत्तर के लिए उसका ध्यान अरबों की पुनर्जागरण काल की एक महानू खोज अर्थात यूनानी दार्शनिकों की कृतियों की ओर गया। हमें इस उत्तर से दर्शन की सब से दंभपूर्ण परम्परा की ध्वनि आती है। इसमें शब्द-जाल अधिक और विश्व की व्याख्या कम है। मध्यकाल ने इस प्रश्न का उत्तर अरस्तू की परम्परा के अनुसार इस प्रकार दिया : सेब ऊपर नहीं

नीचे गिरता है क्योंकि उसकी प्रकृति नीचे गिरने की है।

इस तरह कह कर निस्सन्देह मैंने उत्तर का व्यंग्यचित्र खींचा है। इससे मेरा अभिप्राय उसका मज़ाक़ उड़ाना नहीं बल्कि इसके विपरीत यह दिखाना है कि इस हास्यास्पद सरल रूप में भी यह उत्तर वास्तव में बचकाना प्रतीत नहीं होता। यह बचकाना तभी होता यदि यह इस प्रकार होता : यह सेब ऊपर नहीं नीचे गिरता है क्योंकि इस समय इसकी प्रकृति नीचे गिरने की है। परन्तु अरस्तू ने तो ऐसा नहीं कहा था। उसने कहा था कि कोई एक सेब ऊपर से इसलिए नीचे गिरता है क्योंकि सभी सेबों की प्रकृति सदा नीचे गिरने की होती है। हमें यह धारणा सरल प्रतीत हो सकती है किन्तु अपने आप में यह बुद्धि के स्पष्ट और असाधारण विकास की द्योतक है। सेबों का एक स्थायी वर्ग बना देना और सेबों की धारणा का सामान्यीकरण कर देना ही एक बहुत महत्त्व की बात है। पैसों या इस किताब के 'क' अक्षरों जैसी एक-सी चीजों को एक ही वर्ग में रखना सहज है। किन्तु प्रकृति की सभी चीज़ें समान नहीं होतीं बल्कि इसके विपरीत समान वस्तुएं तो मनुष्य स्वयं बनाता है। प्रकृति में तो सेबों से लदे पेड़ होते हैं जो देखने में एक-से लगते हैं किन्तु समान नहीं होते, कोई छोटे होते हैं तो कोई बड़े, कोई लाल होते है तो कोई पीले, कइयों में कीड़ा लगा होता है तो कइयों में नहीं। इन सभी सेबों और विभिन्न किस्मों के सेबों के बारे में कोई एक बात कहना ही तर्क का सम्पूर्ण आधार है।

आपको यह समझना चाहिए कि यह बात बहुत महत्त्वपूर्ण है। ऐसी चीज़ों को एक ही वर्ग या श्रेणी में रखना, जो एक-सी न हों, हमारे लिए इतनी साधारण बात है कि हम इसके व्यापक प्रभाव को भूल जाते हैं। यह बात कुछ ऐसी चीज़ों को समान समझने पर निर्भर करती है जब वे बिल्कुल एक-सी नहीं होतीं। हम उन्हें उनकी समानताओं अर्थात् उन बातों के कारण, जिन्हें हम उनके बीच एक-सी समझते हैं, एक क्रम में रखते हैं। हम अपनी आदत के अनुसार पहले समानता को ही देखते हैं, यह हमें अपने आप ही स्पष्ट प्रतीत होता है कि किसी-न-किसी तरह सभी सेब या सभी पेड़ या सभी पदार्थ एक-से हैं। किंतु प्रशांत द्वीपों में कुछ ऐसी भाषाएँ है जिनमें द्वीप के प्रत्येक पेड़ के लिए तो अलग नाम है किन्तु पेड़ के लिए कोई शब्द नहीं। इन द्वीपों के निवासियों के लिए सभी पेड़ समान नहीं होते, इसके विपरीत उनके लिए

महत्त्वपूर्ण बात यह है कि सभी पेड़ भिन्न होते हैं। इन द्वीपों के व्यक्ति अपने आपको अपनी जाती के गणचिह्न, जैसे तोता से सम्बन्ध कर लेते हैं और उन्हें ऐसी प्रतीत होता है कि वे तोतों जैसे हैं जबकि हमारे लिए यह धारणा केवल धोखा है और वह भी मूर्खतापूर्ण।

मेरे विचार में चीज़ों को समानता के अनुसार व्यवस्था में रखने की योग्यता, मानव चिन्तन का आधार है। और यह मानवीय योग्यता है, हम चीज़ों में समानता ढूँढ़ते हैं और कुछ हद तक उनमें ऐसी समानता का समावेश भी करते हैं जो प्रत्यक्ष रूप से प्रकृति ने उन्हें प्रदान नहीं की होती। न्यूटन के सेब के उदाहरण से यह बात बिल्कुल स्पष्ट हो जाती है। जैसा कि न्यूटन ने स्वयं बताया है कि उस समय उसकी अन्तदृष्टि सेब के गिरने और चन्द्रमा के पृथ्वी के चारों ओर अपने कक्ष में चक्र लगाने के बीच ऐसी समानता ढूँढ़ने में लगी थी जिसे पहले किसी ने अनुभव नहीं किया था। गुरुत्त्वाकर्षण का सिद्धान्त इसी बात पर आधारित है : चीजों में समानता की बात हमारे लिए तो साधारण और स्पष्ट है किन्तु मध्यकाल में अरस्तूवादियों को यही बात कल्पनामात्र प्रतीत होती होगी।

एक बात और है कि उनके उत्तर में छिपे सामान्यीकरण केवल सेबों तक ही सीमित नहीं थे। अरस्तूवादियों का यह मत था कि सेब ऊपर नहीं नीचे गिरता है क्योंकि पार्थिव चीज़ों की प्रकृति यही होती है कि वे सदा नीचे गिरती हैं। उन्होंने सभी पदार्थों में समानता देखी और इस समानता के आधार पर उन्होंने विश्व की सभी वस्तुओं को विभिन्न वर्गों पार्थिव, जलमय, वायवीय और अग्निमय--में बाँट दिया। यह बड़ा महत्त्वपूर्ण सिद्धान्त था जो शरीर मस्तिष्क और जड़ पदार्थों के सम्बन्ध में समान रूप से लागू किया जाता था। किन्तु हमारी दिलचस्पी उस रूप में है जो इस सिद्धान्त ने विश्व को प्रदान किया। उस रचना में पार्थिव चीज़ों का सम्बन्ध पृथ्वी से था, उन चीज़ों का प्राकृतिक विश्राम-स्थल पृथ्वी का केन्द्र था और उसी के आकर्षण में वे चीज़ें पृथ्वी पर गिरती थीं। अरस्तूवादियों के मतानुसार तत्त्वों अर्थात् अग्नि की प्रक्रिया से ऊपर उठे पार्थिव पदार्थ और वायु की तेज़ी से उड़े जल के बीच परस्पर द्वन्द्व होने के कारण ही ब्रह्माण्ड अपने स्थान पर स्थिर है और मृत केन्द्र पर नहीं जा गिरता। उनके अनुसार विभिन्न विपरीत तत्त्वों के बीच परस्पर तनाव

के कारण ही विश्व टिका हुआ है क्योंकि सभी तत्त्व अपने-अपने अलग-अलग केंद्रों को ढूँढ़ रहे हैं। यह एक रोचक विचार है और यह प्रकृति की ऐसी व्यवस्था है जो मान्य समानताओं और असमानताओं पर आधारित है। किंतु यह विचार हमें कल्पनामात्र प्रतीत होता है, हमें ऐसा लगता है जैसे यह समानता जिस पर यह विचार आधारित है, अनावश्यक बातों की समानता है, और स्पष्ट रूप से ऐसा लगता है कि इस प्रकार सोचने वालों को इस बात का बिल्कुल कोई ज्ञान नहीं कि दुनिया कैसे चलती है।

मध्यकालीन धारणा जो अरस्तू से ली गई है, दो उल्लेखनीय दृष्टियों से, ऐसी प्रत्येक बात से भिन्न है जिसे किसी भौतिक पद्धति में निहित माना जा सकता है। एक तो यह है कि इसमें पदार्थ के संबंध में सर्वथा भिन्न मान्यताएँ हैं—ऐसी मान्यताएँ जो हमारी मान्यताओं से भिन्न हैं। इस व्यवस्था-चित्र के इस प्रकार के क्रिया-स्रोत दिखाई पड़ते हैं जिनका संबंध पदार्थों से जोड़ने की कल्पना भी नहीं की जा सकती। मानवीय क्रिया के ऐसे स्रोत यंत्र की अज्ञात प्रक्रिया से गतिमान जान पड़ते हैं। पृथ्वी, पानी, हवा और आग की प्रकृतियाँ मूलतः मानव प्रकृति से अभिन्न हैं और जिन लोगों ने उन्हें मानव प्रकृति के अंगों के रूप में चित्रित किया है वे इस तथ्य से परिचत थे। उन्हें एक प्रकार की इच्छाशक्ति चलाती है जो कदाचित् अचेतन होने पर भी वही दुर्धर्ष पाश्विक इच्छाशक्ति है। ऐसा जान पड़ता कि मानो पिंड के पिंड पृथ्वी के केंद्र स्थल पर पहुँच कर विश्राम पाना चाहते हैं। हवा ऊपर उठ जाना चाहती है। सिद्धांत रूप से अरस्तू यह मान सकते हैं कि इन तत्त्वों की इन प्रकृतियों की उपस्थिति में बाक़ी सब काम तो अपने आप ही हो जाते हैं। किंतु वास्तविकता यह है कि इस तत्र को न तो यंत्र के समान माना गया था और न ही इस यंत्र के रूप में इसकी व्यवस्था हुई है। इस सिद्धांत का विकास इस विचार से हुआ कि प्रकृति मूलतः पशुसमान, इच्छाशक्तियुक्त और जीवित चीज़ है।

दूसरी बात यह है कि इस संपूर्ण धारणा के पीछे एक व्यवस्था थी, वस्तुतः जो एक पद सोपान थी। इसका आधार है पृथ्वी संबंधी यह कल्पना कि प्रकृति कैसी होनी चाहिए : एक व्यवस्था, जिसकी ओर यह विशाल आयोजन आगे बढ़ रहा है, और जिसे प्राप्त करते इसे भी दिव्य रूप और शांति प्राप्त हो जाएगी। प्रत्येक वस्तु अपने केंद्र पर पहुँचती है, पार्थिव चीज़ें नीचे आती हैं,

उड़ने वाली चीज़ें ऊपर जाती हैं क्योंकि वही उनका स्थायी और उचित स्थान है, पर यहाँ पहुँचते ही उनकी गति समाप्त हो जाएगी और उनकी गति समाप्त होते ही इस दुनिया का भी तत्क्षण अंत हो जाएगा। हम देखते हैं कि यह चित्र उस यूनानी दुनिया से कितना मिलता-जुलता है, जो प्रति क्षण समाप्त होती जाती है। और उस मध्यकालीन धार्मिक चित्र से भी मिलता है जिसके अनुसार सांसारिक जीवन अपूर्ण है, यह दुनिया अव्यवस्थित है और यह महान् सोपान के अंतर्गत अपना स्थान ढूँढ़ रही है, जिसमें यह बताया गया है कि यह किस प्रकार की होनी चाहिए और इसे अभी परिपूर्ण होना है।

यह सारा चित्र हमारी कल्पना से बाहर का है। किंतु यह ऐसा क़िस्सा नहीं जिसकी कल्पना न की जा सकती हो; बल्कि इसके विपरीत क़िस्से के रूप में हम इस चित्र से भली-भाँति परिचित हैं और यह हमें याद भी रहता है। उदाहरण के रूप में, हम यीट्स की बाद की कविताओं में यह बात देख भी सकते हैं। हमारे लिए कल्पनीय बात यह है कि यह समझा जाता था कि यह सिद्धांत उसी प्रकार काम करेगा जैसी कि किसी वैज्ञानिक सिद्धांत से अपेक्षा की जाती है। हम कहते हैं कि इससे किसी बात का स्पष्टीकरण नहीं होता, यह परस्पर संबद्ध नहीं है, यह हर समय लागू नहीं होती, इसका कुछ अर्थ नहीं है। इससे हमारा अभिप्राय यह है कि यह दुनिया किसी भी तरह अमानुषिक, विवेकहीन और स्वचालित मशीन की तरह नहीं; ऐसी मशीन जिसमें जो भी कुछ होता वह इसलिए कि उसके पूर्व कुछ और हो चुका होता है।

6

इसी एक वाक्य से हमें, उदाहरण के लिए, लियोनार्डो डा विन्सी और आइसाक न्यूटन के दृष्टिकोण के अंतर का पता चल जाता है। डा विन्सी भी न्यूटन और उसके मित्रों की भाँति महान् मैकेनिक और आविष्कारक था। किन्तु यदि हम उसकी नोटबुकों का अवलोकन करें तो हम देखते हैं कि प्रकृति की जिस चीज़ ने उसको आकर्षित किया था, वह थी उसकी विविधता, उसकी असीमित अनुकूलन क्षमता और उसके भागों की अनुरूपता और उनकी पृथक्ता। इसके विपरीत न्यूटन को खगोल-विद्या में इसलिए आनंद प्राप्त हुआ क्योंकि न्यूटन ने उसमें एकरूपता, एकता और ऐसी आदर्श प्रकृति का अनुभव किया जिसके

विभिन्न भाग एक जैसे रिक्त परमाणुओं के आवरण मात्र थे। जब डा विन्सी अपनी इच्छा के अनुसार कोई प्रभाव चाहता था तो उस बात को पूरा करने के लिए उपायों का आयोजन करता था : उसकी मशीनों का यही उद्देश्य था। परंतु न्यूटन की मशीनें (और वह मेधावी प्रयोगकर्त्ता था) कोई काम करने के लिए नहीं बल्कि पर्यवेक्षण करने के साधन हैं। जब वह किसी परिणाम को अनुभव करता था तो वह उसका कारण खोजता था।

इस प्रकार अब हम कारणों के विचार तक पहुँच गए हैं और यह स्पष्ट है कि यह तत्त्व मध्य काल और वैज्ञानिक काल का विभाजन करने वाली बात का एक पहलू है। इसी को इन दोनों युगों के विभाजन का मूल कारण बनाया जा सकता है और यह योजना स्वाभाविक भी है और सुविधाजनक भी। हम कह सकते हैं कि मध्यकाल ने प्रकृति को अपनी आंतरिक व्यवस्था की ओर अग्रसर होते देखा और वैज्ञानिक युग ने इस व्यवस्था को उठाकर फेंक दिया और उसके स्थान पर कारणों पर आधारित व्यवस्था को बैठा दिया किंतु इससे वास्तविक बात का पता नहीं चलता। एक ओर संपूर्ण विज्ञान और वस्तुतः सारा चिन्तन क्रम की धारा से शुरू होता है और उसी पर आधारित है : मध्यकाल की विशेषता यह है कि उनका क्रम हमेशा शृंखलाबद्ध होता था। दूसरी ओर वैज्ञानिक युग की विशेषता इस बात में नहीं कि उसका लक्ष्य कारणों के तंत्र का पता लगाना था, बल्कि इसकी विशेषता यह थी कि इसने दुनिया को एक यंत्र, घटनाओं की एक मशीन समझा। ग्रीनविच में समुद्र की ऊँची-ऊँची लहरों और हेग में ग्रहण को देखते समय वैज्ञानिक युग ने पानी या आग की प्रकृति की ओर ध्यान नहीं दिया बल्कि उसका ध्यान पहले हो चुकी और आगे होने वाली घटनाओं की ओर गया। वैज्ञानिक क्रांति, आदर्श प्रकृति के अनुसार क्रमबद्ध चीज़ों की दुनिया का ऐसी दुनिया में परिवर्तन था जिसमें होने वाली घटनाएँ एक-दूसरे के बाद निरंतर होती जाती हैं।

आइसाक न्यूटन का मॉडल

दृष्टिकोण बदलने के लिए बड़ी क्रांतियों के आने में बहुत समय लगता है

और अंत में जब ऐसी क्रांतियाँ आती हैं तो वे हमारे सोच-विचार के सभी तरीक़े बदल डालती हैं। किंतु यह परिवर्तन पहले ज्ञान के उस क्षेत्र में आता है जिसका तत्कालीन सामाजिक और बौद्धिक जीवन में विशेष स्थान होता है। उन्नीसवीं शताब्दी में जन-साधारण और विशेषज्ञों की जिस क्षेत्र में समान रुचि थी, वह था पृथ्वी की आयु और मनुष्य का उद्‌भव। नए जीव-विज्ञान ने सबसे पहले इसी क्षेत्र में खोज शुरू की थी। सोलहवीं और सत्रहवीं शताब्दियों में ज्ञान का केंद्र खगोल विद्या थी। व्यापारिक देशों और व्यापारी वर्गों के लिए यह अत्यधिक सामाजिक महत्त्व का क्षेत्र था। यह एक व्यावहारिक और तकनीकी क्षेत्र था, किंतु इसका इसलिए तिरस्कार नहीं किया जाता था कि यह विद्या केवल नाविकों और गणितज्ञों के ही योग्य थी। जैसा कि हम बाँसुरी की अनेक धुनों में देखते हैं कि उनमें जगह-जगह नक्षत्रों का उल्लेख है। खगोल विद्या बाँसुरी वादन की भाँति एक भद्रजनोचित गुण था। मैंने पहले भी इस बात का उल्लेख किया है कि क्रिस्टोफर रेन पहले लंदन में और बाद में ऑक्सफ़ोर्ड में खगोल विद्या का आचार्य था।

हम उन सब बातों को भली-भाँति जानते हैं जिनके द्वारा 1687 में खगोल विद्या को चरम सीमा तक पहुँचाने और उसका कायाकल्प करने की तैयारी की गई थी। मैं उन बातों का थोड़ा-सा उल्लेख करूँगा। मनुष्य यह बात कई हज़ार वर्षों से जानता है कि स्थिर प्रतीत होने वाले तारों की पृष्ठभूमि में सूर्य और अन्य ग्रह नियमित मार्गों पर चक्कर लगाते हैं। ये नियमित बातें भूत और भविष्य दोनों के जानने के लिए काम में लाई जा सकती हैं। बाबल निवासी इनकी सहायता से चंद्र ग्रहण और सूर्य ग्रहण के संबंध में भविष्यवाणी कर सकते थे। सूर्य, चंद्रमा और ग्रहों को इन नियमित मार्गों पर बड़ी-बड़ी परिकक्षाओं (Sheels) या वलयों (Spheres) में पृथ्वी के चारों ओर घूमते चित्रित किया जा सकता है। अथवा ऐसे मार्गों के संबंध में जो पृथ्वी से अजीब प्रकार के चक्र से प्रतीत होते है इस प्रकार सोचा जा सकता है मानो पहियों के ऊपर पहिये चल रहे हों। आज से अठारह सौ वर्ष पूर्व सिकन्दरिया में टालमी और अन्य यूनानियों ने इन मार्गों को रात्रि के आकाश में इसी प्रकार चित्रित किया था। 'व्याख्या करना' शब्द का जो अभिप्राय आज हमारे लिए स्वाभाविक हो गया है यदि वही टालमी को समझाया जा सकता तो वह अपने

चित्र द्वारा ग्रहों की गतिविधि की व्याख्या करने का दावा कभी न करता। टालमी अपने चित्र में उन ग्रहों को बता कर उनकी गति को क्रमबद्ध करता है जिससे हमें यह पता चल सके कि हम उन्हें भविष्य में कब देख सकते हैं।

सोलहवीं शताब्दी में दो ऐसी बातें हुईं जिनके कारण उपर्युक्त व्याख्या से खगोल विद्या परेशान हो गई, और इन दोनों बातों का अपना महत्त्व है, क्योंकि इनसे हमें यह पता चलता है कि विज्ञान तथ्य और तर्क का मिश्रण है। डेन खगोलवेत्ता टाइको ब्राहे ने और अच्छी तरह और अधिक नियमित रूप से ग्रहों की स्थितियों के पर्यवेक्षण किए और डेनवासियों ने यह सिद्ध कर दिया कि यद्यपि गणित के वक्रों (Curves) के रूप में टालमी के मार्ग कितने भी आकर्षक क्यों न लगें किंतु वास्तव में वे ग्रहों के मार्गों के अधूरे मार्गदर्शक ही थे। और इससे पहले भी कोपर्निकस ने यह सिद्ध कर दिया था कि यदि इन मार्गों को पृथ्वी से नहीं सूर्य से देखा जाए तो ये कहीं अधिक सरल हैं। सत्रहवीं शताब्दी के शुरू में केप्लर ने, जिसने ब्राहे के साथ काम किया था, इन दोनों निष्कर्षों को मिलाया। ग्रहों के कक्षों का सामान्य रूप तैयार करने के उद्देश्य से केप्लर ने ब्राहे द्वारा मापी गई दूरियाँ और कोपर्निकस के अनुमानों को इस्तेमाल किया, उदाहरण के लिए उसने यह सिद्ध कर दिया कि यदि सूर्य को फोकस मान कर देखा जाए तो एक ग्रह समय की प्रत्येक समान अवधि में अपनी दीर्घवृत्ति (ellipse) के बराबर-बराबर हिस्से छोड़ता जाता है।

जब न्यूटन और उसके समकालीन व्यक्तियों ने इन ग्रहों की गतियों के पीछे एक स्थायी क्रम ढूँढ़ना शुरू किया तो उन्होंने केप्लर के उन आनुभविक सामान्यीकरणों (Emperical Generalisations) से अपना काम आरंभ किया। अब उनके पास सिद्धांत रूपी नया साधन भी था। जिस समय केप्लर उत्तरी यूरोप में अपना काम कर रहा था, उस समय इटली में गेलीलिओ ने अंत में अरस्तू की उन भौतिक धारणाओं को उलट दिया था, जिनकी बहुत समय से पेरिस में आलोचना हो रही थी। जब रॉयल सोसाइटी की स्थापना हुई, उस समय पृथ्वी और हवा, संघट्टन (Impact) और शून्यक (Vacuum) के विरोध के साथ-साथ यूनानियों के गति (Motion) संबंधी जटिल विचार अप्रचलित हो गए थे। उस समय तक गति के नए स्पष्ट नियम नहीं बने

थे। यह काम न्यूटन के लिए रह गया था, किंतु इस संबंध में काफ़ी बातों का ज्ञान था कि संहतिएँ (Masses) कहाँ और किस प्रकार चलती है; परंतु लोगों में इस बात के जानने की कोई रुचि नहीं थी कि संहतियों को किस मार्ग पर चलना चाहिए।

2

न्यूटन की अंतर्दृष्टि कैसी थी ? उसने महान् देनों और उस महान् अवसर का किस प्रकार उपभोग किया जिसका मैंने पहले उल्लेख किया है ?

यदि हम साफ़-साफ़ कहना चाहें कि उसने क्या किया तो वह यह है : न्यूटन ने सरलीकरण (Simplification) के उस कार्य को आगे बढ़ाया जो केप्लर ने शुरू किया था और वह उसे ज्यॉमिति (Geometry) और भौतिकी (Physics) के क्षेत्र से भी आगे ले गया। टालमी, कोपर्निकस, टाइको ब्राहे और केप्लर अन्ततः ग्रहों के मार्ग निश्चित करने से आगे नहीं बढ़े। केन्लर ने इन मार्गों के बीच इतनी समानताएँ देखीं, जितनी कि पहले परंपरागत खगोल विद्या में नहीं थीं, क्योंकि उसकी समानताएँ गति और रूप दोनों में थीं। जब केप्लर ने सूर्य की ओर ग्रहों के आकर्षण के बारे में अनुमान लगाया तो उसे पार्थिव संहतियों की गति को उक्त आकर्षण के साथ जोड़ने वाला कोई सिद्धांत मालूम नहीं था। गेलीलियो को सबसे पहले इसका पता चला, जैसे-जैसे सत्रहवीं शताब्दी बीतती गई और लोगों को भी इस बात का पता चल गया कि वे कैसे सिद्धांत की खोज कर रहे हैं, किंतु न्यूटन ही ऐसा व्यक्ति था जिसने अचानक ही इस संपूर्ण सिद्धांत को सूत्रबद्ध किया। उसने बताया कि शक्ति से ही गति में परिवर्तन होता है कि विभिन्न संहतियों के बीच, चाहे वे सब चंद्रमा और पृथ्वी हों या ग्रह और सूर्य, उन गुरुत्त्वाकर्षण बलों से गति उत्पन्न होती है, जो उन्हें परस्पर आकर्षित करती है। और अपने समकालीनों में न्यूटन ही अकेला ऐसा व्यक्ति था जिसमें गणित के अपने ज्ञान के बूते पर यह सिद्ध करने की शक्ति थी कि यदि उन बलों को उचित मार्गों में अभिधारित किया जाए तो ये बल ग्रहों को घड़ी की तरह चक्कर लगवाते हैं, ये चंद्रमा को उसके कक्ष में रखते हैं और लहरें चंद्रमा के अनुसार उतरती-चढ़ती हैं, और इस प्रकार इन बलों के आधार पर ब्रह्मांड टिका हुआ है। ये सफलताएँ इतनी व्यापक

हैं कि खगोल विद्या से कहीं आगे बढ़ जाती हैं और ये न्यूटन की संपूर्ण सफलताओं का केवल एक भाग हैं। किंतु इस सफलता से भी अधिक है, उसमें निहित विचार जिसके अध्ययन की आवश्यकता है। ब्राह्मांड को एक मशीन के रूप में देखना खोजपूर्ण धारणा थी। प्रतिरूप के रूप में नहीं बल्कि, घड़ी के से रूप में। फिर एक और धारणा है मशीन के अंतर्गत चलायमान बल जो गुरुत्वाकर्षण में क्रिया-शक्ति का एकमात्र साधन है। खगोलवेत्ताओं के विवरण और धर्मशास्त्रियों के 'प्रथम कारण' का बहुत अच्छा सामंजस्य है, जिसमें न्यूटन ने सदा के लिए कारण की धारणा निश्चित कर दी जो तब से बराबर चली आ रही है। न्यूटन ने अरस्तू की वस्तुओं की प्रकृति संबंधी धारणा से इतनी मात्रा में ग्रहण किया कि उसने संसार के चलायमान रहने का कारण बताते हुए सभी पदार्थों को एक ही प्रकृति प्रदान की, अर्थात् यह कहा कि एक प्रकार का पदार्थ अन्य पदार्थों से मिलना चाहता है। और अंत में विज्ञान में निहित उभयाभविता (Ambivalence) के संबंध में न्यूटन का हल असाधारण है। यह हल तथ्य और तर्क का रहस्यमय सम्मिश्रण है जिसका एक प्रकार से आज भी विश्लेषण नहीं हो सकता।

इन महान् सफलताओं में से मैं केवल दो को चुनता हूँ। इनमें से एक है न्यूटन की उस धारणा का निर्धारण जिसे उसने, उदाहरण के लिए, सेंट थॉमस एक्वीनास के शास्त्रीय रूप से बदल कर आधुनिक रूप दिया, जो आज हमारे लिए बिल्कुल सहज-सा प्रतीत होता है। इस अध्याय का यह भी एक विषय है। किंतु मैं इस विषय तक एक सम्बद्ध सफलता के सहारे पहुँचूँगा और मेरे विचार में इस संबंध में सबसे उल्लेखनीय सफलता है—तर्कसंगत और आनुभविक पद्धतियों का एक होना।

न्यूटन ने इस संबंध में जो कुछ किया, आज की वैज्ञानिक प्रक्रिया में यह आम बात हो गई है, किंतु यह उन बातों में से है जिसके बारे में हम कम जानते हैं।

3

वैज्ञानिक रीति से काम करने के लिए या मानव रीति से काम करने के लिए भी दो बातें ज़रूरी हैं—तथ्य और विचार। विज्ञान का काम केवल तथ्यों की

खोज करना नहीं, और न ही केवल विचार करते रहना ही पर्याप्त है, चाहे हम कितने ही विवेकपूर्ण ढंग से विचार क्यों न करें। वैज्ञानिक प्रक्रियाएँ मानव क्रिया की इसलिए विशेषता हैं कि वे आनुभविक तथ्य और विवेकपूर्ण विचार के सहयोग से इस प्रकार चलती हैं कि उन्हें अलग नहीं किया जा सकता। हमारे जीवन की तरह विज्ञान में भी आगे-पीछे तथ्यों की बराबर खोज जारी रहती है और फिर उसके बाद जो कुछ हमने खोजा होता है उसके प्रभाव के बारे में आगे-पीछे विचार किया जाता है और इस प्रकार परीक्षण और खोज के लिए हम फिर वापस तथ्यों की ओर आ जाते हैं—एक कदम प्रयोग का और दूसरा सिद्धांत का, इस प्रकार दाएँ-बाएँ यह क्रम सदा चलता रहता है।

उक्त दोनों पद्धतियों का मेल ही विज्ञान का आधार है। व्हाइट हैड, जिसने अपने दर्शन में इस मेल पर बल दिया है, वैज्ञानिक क्रांति का समारंभ उस तारीख से मानता था जब गेलीलियो और उसके समकालीनों ने इस बात को समझा कि ये दोनों पद्धतियाँ—आनुभविक और तर्कसंगत—अपने-आप में बेमानी हैं, और इन दोनों को अवश्य मिला दिया जाना चाहिए। व्हाइट हैड के विचार में प्रकृति के संबंध में मध्यकाल के अनुमान हमारे अनुमानों की भाँति तर्कसंगत थे। युक्तिवादियों की दृष्टि में हमारी स्थिति उनसे श्रेष्ठतर नहीं, हमारी भौतिक सफलताएँ, प्रत्येक साहसी निगमनिक सोपान (deductive step) पर, कठोर आनुभविक तथ्यों को फिर से ध्यान में रखने की निर्मम अपील को मध्यकाल के लोगों के तर्क के सहयोग से उत्पन्न होती हैं। वह क्षण, जब यह सहयोग शुरू हुआ और विचार तथा शब्द के अधिकार को तथ्य से चुनौती दी गई, बहुत पहले पीसा के एक दृश्य में नाटकीय ढंग से चित्रित किया गया है। ऐसा बताया जाता है कि गेलिलीयो ने लीनिंग टॉवर से एक बड़ी और एक छोटी संहति फेंकी, और ये दोनों संहतिएं अरस्तू और एक्वीनास के कथन के बिल्कुल विपरीत लगभग एक साथ ज़मीन पर आ पहुँचीं। किंतु इतिहास शायद ही इतना सरल और निश्चयात्मक होता है। न तो गेलीलियो ने पीसा पर यह प्रयोग किया और न ही वे लोग जिन्होंने यह प्रयोग किया था, इसे पूरा कर सके। और इसी बीच तर्कशास्त्री इस प्रयोग को करने की सोच रहे थे, पेरिस के साहसी विचारकों में से कुछ स्वतंत्र विचार रखने वाले व्यक्ति कुछ समय से अरस्तू के इस सिद्धांत को कि बड़ी संहतिएँ तेजी से

गिरती हैं, शंका की दृष्टि से देख रहे थे। उनकी तर्कपूर्ण आपत्ति यह थी कि जब तीन बराबर-बराबर संहिताएँ एक स्थान से गिरायी जाएँ तो वे सब पास-पास गिरती हैं, और ऐसा नहीं हो सकता कि उनमें से दो की गति तीसरी से इसलिए अचानक तेज़ हो जाए क्योंकि उन दोनों को बाँध दिया गया था या उनको मिलाकर एक बड़ी संहति बना दी गयी थी।

इस संबंध में अधिक हैरान होने की कोई बात नहीं कि वैज्ञानिक क्रांति के समारंभ का निर्धारित समय हम इस घटना को लें या उस विचार को। दृष्टिकोण में प्रत्यक्ष रूप से इस प्रकार कभी परिवर्तन नहीं होता जैसा कि व्हाइट हैड का मत है, और न ही इतना आकस्मिक होता है जैसा कि मैंने कभी-कभी नाटकीय ढंग से प्रस्तुत किया है। औद्योगिक क्रांति का समारंभ 1760 से पहले हुआ जबकि वैज्ञानिक क्रांति 1660 से कहीं पहले या 590 के आस-पास लीनिंग टॉवर ऑफ पीसा की वास्तविक कहिए या काल्पनिक घटना के दिन से शुरू हुई। किंतु आरंभ से हमारा कोई मतलब नहीं, हमारा संबंध तो क्रांति से पूर्व के दृष्टिकोण में बाद के दृष्टिकोण में होने वाले प्रत्यक्ष पर्याप्त परिवर्तन से है। वैज्ञानिक क्रांति से पूर्व लोग शास्त्रीय तर्क से, जैसा वह श्रेणियों में विभक्त संस्थाओं की प्रवृत्ति के संबंध में लागू होता था, संतुष्ट थे। वैज्ञानिक क्रांति ने यह बात समाप्त कर दी, उसने विवेक और अनुभव, विचार और तथ्य, सिद्धांत और प्रयोग को मिला दिया। समय-समय पर एडिंग्टन की भाँति अनुमान लगाने वाले बड़े-बड़े वैज्ञानिक बार-बार यह दावा करते थे कि हम बिना किसी प्रयोग के भौतिक नियमों का निमगन कर सकते हैं किंतु जब हम उनकी कृतियों का अध्ययन करते हैं, हम देखते हैं कि इससे उनका अभिप्राय फिर मध्यकाल की ओर जाना नहीं है, और उनका वास्तविक दावा यह है कि भौतिक नियमों के निमगन के लिए हमें जितने प्रयोग आवश्यक समझने की आदत है, उनसे कहीं कम आलोचनात्मक प्रयोगों से काम चलाया जा सकता है।

4

सत्रहवीं शताब्दी के पूर्वार्ध के दो महान् विचारकों का नाम सामान्यतः एक

साथ लिया जाता है; एक का संबंध विज्ञान के युक्तिसंगत दृष्टिकोण से था और दूसरे का आनुभाविक से। द'कार्त का तरीक़ा तर्क का था और फ्रांसिस बेकन का प्रयोग का। और इन दोनों व्यक्तियों में वस्तुतः ऐसा सुंदर वैषम्य था जैसा कि आमतौर पर फ्रांसीसी और अंग्रेज़ी विचारों में होता है। विशेष बात यह है कि द'कार्त ने अपना बहुत-सा वैज्ञानिक कार्य बिस्तर में ही किया जबकि बेकन सर्दी लगने से मरा, जो शायद उसे तब लगी थी जब पैंसठ वर्ष की आयु में एक कुक्कट को बर्फ में ठूंस कर भरने के संबंध में प्रयोग कर रहा था। निश्चय ही द'कार्त का शक्तिशाली प्रभाव अंग्रेज़ों की जिज्ञासु विचारशैली के बिल्कुल विपरीत था और शायद इसलिए भी क्योंकि इस प्रभाव के विषय की अपेक्षा उसका रूप अधिक कठोर था। मैंने कहा है कि ह्यूजिन्स द'कार्त से प्रभावित था क्योंकि वह उसे लड़कपन से ही जानता था; और यह चीज़ उनमें से एक है जिसने ह्यूजिन्स को उस काम को पूरे तौर पर समझने नहीं दिया जो न्यूटन और रॉयल सोसाइटी कर रही थी।

किंतु न्यूटन के दिमाग़ी ढाँचे के लिए द'कार्त का उदाहरण भी उतना ज़रूरी था जितना बेकन का। और कुछ बातों में तो यह और अधिक महत्त्वपूर्ण था क्योंकि रॉयल सोसाइटी में बेकन की महान् किंतु अव्यवस्थित पद्धति के अनुसार काम करने वाले अनथक प्रयोगकर्त्ताओं की कमी नहीं थी। रॉयल सोसाइटी में कमी थी द'कार्त की व्यवस्था की खोज की, उसके इस विश्वास की कि प्रकृति सदा और हर जगह एक-सी होती है और उसमें एक प्रकार की एकता है। द'कार्त और न्यूटन के लिए इस एकता का चिह्न था गणित की सार्वभौमिक शक्ति। द'कार्त के संपूर्ण जीवन का निरूपण अंतर्दृष्टि के एक ही क्षण में हुआ था जब काफ़ी रात बीते अचानक ही उसे अनुभूति हुई और लगभग दिखाई दिया कि ब्रह्मांड की कुंजी उसकी गणितीय व्यवस्था है। मरने तक द'कार्त को इस रहस्योद्‌धाटन की तारीख़ 10 नवंबर, 1619 (तब वह तेईस वर्ष का था)—याद रही और वह इसे सदा एक रहस्यवादी के भय के साथ सुनता रहा। इसके विपरीत बेकन ने गणितीय पद्धति को बिल्कुल महत्त्व नहीं दिया और इसी बात में उसका प्रभाव बुरा था।

मैंने कहा है कि विज्ञान में आनुभविक और तर्कसंगत पद्धतियों को बारी-बारी आगे बढ़ना चाहिए; एक दिशा में उठाया गया कदम दूसरी दिशा

में उठाए जाने वाले कदम की तैयारी करता है। यह स्वाभाविक ही है कि आनुभविक पद्धति में तथ्यों पर बल दिया जाए और सिद्धांतवादी को चाहिए कि वह उन तथ्यों में से नियमों का निगमन कर ले। यह स्वाभाविक है कि विचारक को पहले एक दुनिया की कल्पना करनी चाहिए और तब उसे देखना चाहिए कि वास्तव में यह दुनिया किस सीमा तक हमारी वास्तविक दुनिया है। हममें से बहुत से व्यक्तियों का झुकाव आनुभविक पद्धति की ओर है। जब साधारण रूप में हम यह महसूस करते हैं कि तथ्य तो अद्‌भुत होते हैं; किंतु सिद्धांत सदा कठिन होते हैं; और हम संपूर्ण विज्ञान को तर्कसंगत प्रक्रिया मान लेते हैं जिसमें पहले तथ्यों को इकट्ठा किया जाता है और फिर उनसे कोई प्रणाली निकाली जाती है जिसे वह निर्धारित करते हैं; न ही तो न्यूटन ने ऐसा किया और न ही—चाहे यह कितना आश्चर्यजनक क्यों न लगे—विज्ञान की ऐसी पद्धति है जैसी कि हम जानते हैं। इसके विपरीत आश्चर्य की बात तो यह है कि हम इस बात पर विश्वास कर लेते हैं कि इस निगमनिक पद्धति पर अमल किया जाता है या यह अमल करने योग्य है।

न्यूटन ने जो किया वह इससे बिल्कुल भिन्न था। उसने गेलीलियो और इटली के अन्य वैज्ञानिकों के प्रयोगों से कुछ संहतियों के गुणों के बारे में कुछ सामान्य धारणाएँ एकत्रित कीं, कि संहतिएँ सीधी रेखाओं में चलती हैं और समान गति से चलती हैं और वे तब तक चलती रहती हैं जब तक कोई और शक्ति उन्हें उनके मार्ग से हटा न दे, आदि—आदि। यहाँ तक तो हम इस पद्धति को निगमनिक कह सकते हैं क्योंकि यह काफ़ी से ज़्यादा प्रयोग पर ही आधारित है; यद्यपि यहाँ भी निगमन से इस पद्धति का पूरा-पूरा चित्र सामने नहीं आता जिसके लिए विभिन्न नियमों के अनुसार कई संभव संसारों की कल्पना करने में काफ़ी मानसिक प्रयोग की आवश्यकता होती है।

किंतु वह तो अगला कदम है जहाँ वस्तुतः मतभेद शुरू होता है। हुआ यह है कि न्यूटन ने यह मान लिया कि काफ़ी बड़े-बड़े आकार की संहतियाँ जिन सामान्य नियमों का पालन करती प्रतीत होती हैं, वे पदार्थ के सभी टुकड़ों के लिए भी लागू होते हैं, चाहे उनकी किस्म या उनका प्रकार कैसा भी हो, और इस विचार को क्रियान्वित करने के निश्चय के बाद उसने स्वयं अपनी एक ऐसी दुनिया की कल्पना की जो उसने पदार्थ के छोटे-छोटे उन टुकड़ों

से बनाई थी जो समान नियमों और स्वयं-तथ्यों (axioms) का पालन करते हों। न्यूटन की यह दुनिया बिल्कुल ज्यॉमिति की अमूर्त दुनिया के समान थी जो यूक्लिड ने अपने स्वयं-तथ्यों से बनाई थी, यूक्लिड ने बिंदु रेखा और समतल की परिभाषा की ओर उसने स्वयंतथ्य निर्धारित किए जिनका उन्हें अपने पारस्परिक संबंधों में पालन करना होता है। इसके पश्चात् उसने साध्यों की कई श्रेणियों में अनेक परिणाम निकाले जो उनसे निकलते हैं और अब हम यूक्लिड का सम्मान इसलिए करते हैं क्योंकि यह अमूर्त दुनिया प्रत्यक्ष रूप से वास्तविक दुनिया के उस भाग की भाँति है जिसे हम देख सकते हैं और जिसकी तुलना अपनी आँखों से कर सकते हैं। हमें उसके स्वयं-तथ्यों में इसलिए विश्वास नहीं कि इनका निमगन वास्तविक दुनिया से हुआ है बल्कि इसलिए कि यूक्लिड ने जो परिणाम निकाले थे, वे वास्तविक दुनिया पर खरे उतरते हैं।

न्यूटन की पद्धति भी बिल्कुल यही थी, किंतु न्यूटन ने प्रायः पहली बार इसको भौतिक संसार के लिए प्रयोग किया। उसने यह कल्पना की कि इस संसार की प्रत्येक वस्तु छोटे-छोटे कणों से मिलकर बनी है। उसने कभी भी इन कणों की परिभाषा नहीं दी और हम अब इन्हें डेमोक्रिटस (Democritus) और कवि ल्यूक्रीशियस (Lucretius) के परमाणुओं के रूप में समझने लग गए हैं। न्यूटन ने यह कभी नहीं कहा, और मुझे यक़ीन नहीं कि वह इस प्रकार विश्वास भी करता था; मुझे यक़ीन नहीं कि वह इस बहस में पड़ना भी चाहता था कि क्या वास्तव में इन कणों को और छोटे-छोटे कणों में तोड़ा भी जा सकता है। यद्यपि वह बहुत स्पष्ट लिखता था, किंतु न्यूटन बहस करने में दक्ष नहीं था और उसने सदा इससे बचने की कोशिश की। इसका अभिप्राय यह नहीं कि न्यूटन अपने प्रतिद्वंद्वी की कठिनाई को नहीं समझता था किंतु बात यह थी कि उसने उस कठिनाई का इतना पहले अनुमान लगा लिया था और अपने काम में उसे इस प्रकार दूर कर लिया था कि उसे किसी ऐसे व्यक्ति की सहायता करने में निराशा होती थी जो उस संबंध में अपने-आप काम नहीं कर सकता हो। इसका परिणाम यह हुआ कि अन्य वैज्ञानिकों के साथ न्यूटन के संबंध कठोर और चिड़चिड़े से थे और वह ऐसे व्यक्ति को विश्वस्त कराने में इतना अधीर नहीं होता था जितना कि निराश हो जाता

था जो अपने-आप स्वाभाविक किंतु दूर हो सकने वाली कठिनाइयों के विषय में सोच न सकता हो।

इस प्रकार न्यूटन ने छोटे-छोटे अज्ञात कणों से सेब, चंद्रमा, ग्रह और सूर्य जैसी संहतियों की एक दुनिया बनाई। उसके विचार में इनमें से प्रत्येक संहति इस बात में समान है कि वह पदार्थ के छोटे-छोटे कणों से बनी है, और इस प्रत्येक संहति में ये छोटे कण समान नियमों का पालन करते हैं : यदि वे स्थिर हैं तो वे स्थिर रहेंगे अथवा यदि वे चल रहे हैं तो वे बराबर सीधी रेखाओं में चलते जाएँगे जब तक बाह्य बल उन्हें उनके मार्ग से विस्थापित न कर दे। और इन सब बलों में सबसे बड़ा बल यह है कि न्यूटन की दुनिया का प्रत्येक छोटा कण अपने समान प्रत्येक अन्य कण को ऐसी शक्ति से आकर्षित करता है जो उन कणों की परस्पर दूरी पर निर्भर करती हैं और जब यह दूरी दुगनी हो जाती है तो शक्ति केवल एक चौथाई ही रह जाती है और वे कण दूर जा गिरते हैं।

स्वभावतः यह दुनिया एक काल्पनिक दुनिया है। यह केवल एक चित्र मात्र है और अब तक इसे मशीन के रूप में भी सिद्ध नहीं किया गया। अर्थात् हम अभी तक यह नहीं जानते कि यह वे सब काम करती रहेगी जो हमने शुरू किए थे। हो सकता है कि यह काल्पनिक दुनिया काम करना बंद कर दे क्योंकि इसके कण हमेशा के लिए एक-दूसरे से अलग हो जाएँ या वे केंद्र में जाकर समाप्त हो जाएँ। वास्तव में अब तक हमारे पास केवल परिभाषाएँ और स्वयं-तथ्य हैं। जैसा यूक्लिड ने किया, अब अगला कदम है साध्य बनाना अर्थात् इन भूत के से कणों के छाया नृत्य के परिणाम तैयार करना और यहाँ गणितज्ञ के रूप में न्यूटन ने अपनी योग्यता का परिचय दिया। हुक और अन्य व्यक्ति, जिन्होंने ऐसी ही स्थिति का पहले ही अनुमान लगा लिया था, सामान्य अनुमान लगाने से अधिक आगे न बढ़ सके क्योंकि उन्हें ठीक-ठीक परिणाम निकालने के लिए गणित का ज्ञान नहीं था। सबसे पहले यह सिद्ध करना ज़रूरी है कि इन नियमों के अधीन कणों का पिंड—जो अपने आप में एक ठोस गोला बन जाता है—गोले के बाहर की वस्तुओं से साधारणतया गोले के केंद्र में एक भारी कण के रूप में व्यवहार करता है। गणित की सरलता, जो खगोल विद्या को बुद्धि-ग्राह्य बनाती है, विशेष रूप से इसी बात पर निर्भर

करती है; और यह बात गुरुत्त्वाकर्षण पर निर्भर करती है जिसे दूरी के वर्ग की भाँति भगा दिया जाता है, अन्य किसी प्रकार से नहीं। ऐसी किसी दुनिया में जहाँ गुरुत्त्वाकर्षण का नियम कोई दूसरा हो, यद्यपि उपर्युक्त तथ्य प्रतिलोम वर्ग के नियम से बहुत थोड़ा-सा भिन्न हो सकता है, फिर भी गोलाकार खगोलीय पिंड संयुक्त पदार्थ के एक बिंदु की भाँति कार्य नहीं करेंगे और न ही ग्रहों के मार्ग का हिसाब लगाया जा सकेगा और न ही ये मार्ग स्थायी होंगे।

यह तो पहला ही कदम है। इसका परिणाम यह हुआ कि न्यूटन ने यह सिद्ध कर दिया कि ग्रहों के कक्षों का भी हिसाब लगाया जा सकता है; और ये मार्ग वे दीर्घवृत थे जिन्हें केप्लर ने मापा था; और दैवीय घड़ी के समान मुड़ने वाले ये मार्ग स्थायी रहते हैं। उसने धूमकेतुओं (Comets) के ज्वार-भाटे और मार्गों का हिसाब लगाया; और इस प्रकार उसने दुनिया की ऐसी तस्वीर तैयार की जो कि साफ़ तौर पर ऐसी ही दुनिया थी जैसी कि नाविक देखता है, खगोलवेत्ता देखता है और बराइटन के तट पर बैठे सैलानी देखते हैं। और अचानक ऐसा दिखाई देता है मानो घंटियों की विजयी ध्वनि के साथ यह मनघड़ंत दुनिया असली दुनिया के सुर में सुर मिला रही हो।

इन दोनों दुनियाओं की समानता से हमें न्यूटन ने जो चित्र खींचा था, उससे विश्वास हो जाता है और उसकी पृष्ठभूमि में न्यूटन के नियमों में भी। प्रत्यक्ष रूप से ये विषय किसी प्रयोग द्वारा तैयार नहीं किए गए हैं। इन नियमों की विशेषता इस बात में नहीं कि यह वास्तविक दुनिया से तैयार किए गए हैं बल्कि इस बात से है कि ये नियम उस दुनिया के बारे में भविष्यवाणी करते हैं जो निश्चित रूप से हमारी दुनिया से मिलती है। और यह वह सफलता है जो ऐसे कणों के उपस्तर (Substratum) के प्रति हमें विश्वास प्रदान करती है जिनमें से प्रत्येक कण उन नियमों का पालन करता है जिसके अनुसार न्यूटन ने अपने चित्र का निर्माण किया था। तब से हमारे तरीक़ों और तत्त्वमीमांसा को रूप देने में इस चित्र की इस कल्पना और सूक्ष्म उपस्तर में हमारे विश्वास के बड़े महत्त्वपूर्ण परिणाम निकले हैं; और इनका उल्लेख हम आगे भी करेंगे।

5

न्यूटन द्वारा तारों की दुनिया को फिर से बनाने के संबंध में उल्लेख करते

हुए मैंने उसके तरीक़े की तुलना युक्लिड के तरीक़े से की है, जिसके अनुसार यूक्लिड कुछ उन कल्पित वस्तुओं से हमारे चारों ओर के अंतरिक्ष जैसी दुनिया बनाता था जिनके बारे में यह मान लिया जाता था कि वे कुछ साधारण नियमों का पालन करते हैं। न्यूटन की सफलता यूक्लिड से इस बात में भिन्न है कि न्यूटन द्वारा निर्मित दुनिया को बड़ी बारीक़ी से और बड़े विस्तार से जाँचे गए तथ्यों से मिलाया जाता है। मैं यह कहना चाहता हूँ कि ज्यॉमिति के तथ्यों की अपेक्षा भौतिक तथ्य भी अधिक अविलंबनीय और महत्त्वपूर्ण हैं। किंतु मैं निश्चयपूर्वक नहीं कह सकता कि यह ऐसा भ्रम है जिसमें हम सभी ग्रस्त हैं क्योंकि यूक्लिड का कार्य दो हज़ार से अधिक वर्षों से हमारे सभ्यता-प्रधान चिंतन का अंग रहा है परंतु न्यूटन का कार्य तीन सौ वर्ष पुराना होने पर भी हमारे हृदय में नियति के प्रति आश्चर्य की-सी भावना उसी प्रकार जगा देता है जितनी सरलता से उसने अपने समसामयिकों के हृदय में यह भाव उद्‌बुध किया था। वस्तुतः हमारे अंतरिक्ष के लिए यूक्लिड का ज्यॉमितीय ढाँचा न्यूटन के चित्र के भौतिक ढाँचे से काफ़ी मेल खाता है किंतु फिर भी उनमें अंतर है। न्यूटन का भौतिक विज्ञान अनेक स्थानों पर युक्तिसंगत बैठता है और उसके अपने समय और अठारहवीं और उन्नीसवीं शताब्दियों में भी इस विज्ञान को युक्तिसंगत बनाने के लिए इसकी जाँच होती रही और इसका विकास होता रहा। इस विज्ञान की और अधिक विस्तार पूर्वक और बड़े-बड़े प्रयोगों से जाँच की गई है क्योंकि यह एक ऐसी रचना है जो बराबर बदलने वाली दुनिया में प्रतिक्षण ठीक बैठने का दावा करती है। यही एक कारण है जो उसे यूक्लिड द्वारा पुनर्निर्मित समय-शून्य (timeless) वायु-शून्य (windless) दुनिया से अधिक कठिन और अधिक गहन बना देता है।

और यही बात है कि मैंने न्यूटन के तरीक़े को विज्ञान के दो किनारों अर्थात् विवेकशील और अनुभवशीलता को मिलाने वाला बताया है। न्यूटन में द'कार्त के तर्कपूर्ण दृष्टिकोण का और बेकन के प्रायोगिक उत्साह का अद्‌भुत मिलन हुआ है; और इसीलिए फिर यह बात दुहराना उचित ही है कि न्यूटन स्वयं कितना योग्य और कितना खोज करने वाला प्रयोगकर्त्ता था। न्यूटन की 'प्रिंसिपया' से उसकी बौद्धिक शक्ति की अद्‌भुत चेतना का पता चलता है, क्योंकि उस समय यह पुस्तक जिन प्रयोगों पर आधारित थी वे दूसरों ने भी

किए थे और वे उनसे परिचित थे। परंतु 'ऑप्टिक्स' प्रभावशाली पुस्तक है जिसमें न्यूटन के व्यक्तित्व की अधिक छाप मिलती है क्योंकि इस पुस्तक में वह हमें इतनी स्पष्टता और गहराई से एक प्रयोग से दूसरे प्रयोग की ओर ले जाता है कि हम किसी और चीज़ की अपेक्षा उसके तरीक़े की सरलता और संगति से स्तब्ध रह जाते हैं। हम ऐसा सोचते हैं कि उसने कोई भी ऐसी महत्त्वपूर्ण बात नहीं छोड़ी जिसकी उसने परीक्षा न की हो किंतु इतना होते हुए भी हमें ऐसा नहीं लगता कि उसने इस पुस्तक में इसलिए कहीं की ईंट कहीं का रोड़ा जोड़ा हो कि उसे शायद इस बात में कुछ मिल जाए या उस बात में। न्यूटन की अंतर्दृष्टि ऐसी थी जिससे ध्यान नहीं हटाया जा सकता; उसमें प्रत्येक तर्कपूर्ण विकल्प को अलग करके रखने की योग्यता थी, जो किसी भी गंभीर प्रायोगिक और सैद्धांतिक वैज्ञानिक निर्माण के लिए अनिवार्य है, जो किसी भी गंभीर मन के निर्माण के लिए आवश्यक है।

'प्रिंसिपया' की प्रौढ़ रचना में हमें 'ऑप्टिक्स' के युवा लेखक के दर्शन नहीं होते, यद्यपि जब 'प्रिंसिपिया' छपी उसकी आयु अभी चालीस और पचास के बीच थी और उस पुस्तक को लिखे न्यूटन को काफ़ी समय हो चुका था किंतु काम करने की शक्ति वैसी ही थी : पहले कल्पित भाग तैयार करना और फिर उन्हें एक ऐसी व्यवस्था में जोड़ना, जो प्रत्येक चरण में प्रयोगों और वास्तविक दुनिया में पूरी उतरे; और साथ ही उचित स्थानों पर 'ऑप्टिक्स' की भाँति विशेष परीक्षणों का आविष्कार करना या 'प्रिंसिपिया' की भाँति विशेष परीक्षणों की पहचान करना। यही एक कारण है कि मैं विचार और तथ्य, विवेक और अनुभव की धाराओं के साथ-साथ बहने पर ज़ोर देता हूँ। वैज्ञानिक क्रांति इनका संगम है, और इन दोनों धाराओं से प्राप्त होने वाली वैज्ञानिक प्रणाली की शक्ति, रोन (Rhone) की शक्ति की भाँति, एक हो जाती है।

6

वैज्ञानिक क्रांति के समय एक और बड़ा कदम उठाया गया–वह था–कारण की धारणा को नया और स्पष्ट अर्थ प्रदान करना। मध्यकालीन शास्त्रीय लेखकों में कारणों के विषय में बहुत वाद-विवाद होता था। एक्विनास ने उनकी श्रेणियों की अर्थात् निकटतम कारण, प्रभावशाली कारण, आवश्यक कारण और 'प्रथम

कारण'—एक ज़ोरदार शृंखला बनाई है। और इन धारणाओं की पृष्ठभूमि में मध्यकालीन धारणा काम करती है कि प्रकृति के प्रत्येक अंश में मानवीय प्रवृत्ति और स्वभाव होता है और उसका अपना एक उद्देश्य होता है जिसे वह प्राप्त करना चाहता है। ये सभी कारण तर्क के फंदे हैं; परंतु सोलहवीं और सत्रहवीं शताब्दियों ने कारण और परिणाम की जिस धारणा का निर्माण किया वह किसी तर्क का परिणाम नहीं। उन्नीसवीं शताब्दी में दार्शनिकों ने बड़े परिश्रम से कारण और परिणाम के क्रम में से तर्कपूर्ण अर्थात् बौद्धिक आवश्यकता को ढूँढ़ने का प्रयास किया। इस संबंध में जॉन स्टुअर्ट मिल का प्रयत्न असाधारण था। परंतु वास्तव में यह प्रयास भौतिक दुनिया में मानवीय बुद्धि की क्रियाओं का एक बार फिर समावेश करने का प्रयास था। काव्य के भावाभास की भाँति जो लिसिडास की मृत्यु के समय मिल्टन के साथ प्रकृति को भी रुला देता है—यह विज्ञान का भावाभास-सा है।

वैज्ञानिक क्रांति के बाद से कारण की धारणा—जो हमारे लिए इतनी सहज और स्पष्ट है—तर्कसंगत अनुक्रम की धारणा नहीं। प्रकृति विज्ञान के अन्य बड़े-बड़े सिद्धांतों की भाँति यह युक्तिसंगत और एक-सी है और इसका समर्थन आध्यात्मिक है। वास्तव में इसका अभिप्राय यह है कि यह धारणा काम करने का एक नियम है जो हमारे पुराने अनुभव पर आधारित है और काम करते-करते उस अनुभव के अनुसार हम अपने जीवन को इस प्रकार ढाल लेते हैं ताकि हम भविष्य का सामना कर सकें। कारण और परिणाम के संबंध में हमारी धारणा यह है, यदि हमारे पास केवल भौतिक चीज़ों से बनी कोई निश्चित रचना हो तो उस पर हमेशा एक-सी घटना होगी, जिसका हम अनुभव कर सकते हैं। यदि हम उस रचना का फिर से निर्माण करें तो हम सदा वही घटना घटित होती देखेंगे। जैसे ही सूर्य छिपता है, रेडियो की आवाज़ सुधर जाती है, जैसे ही हम बटन दबाते हैं, रोशनी हो जाती है। जैसे-जैसे बालक बड़ा होता जाता है, वह बोलने लगता है। और यदि प्रत्याशित परिणाम नहीं निकलता, यदि रेडियो की आवाज़ में सुधार नहीं होता या रोशनी नहीं होती और या बालक गड़गड़ाता रहता है, तब हम विश्वासपूर्वक कह देते हैं कि हमने जिस रचना से अपना कार्य शुरू किया था, वह पहले जैसी नहीं थी। हम निश्चयपूर्वक कह सकते हैं कि कोई चीज़ इधर-उधर हो गई है और

यह कोई चीज़ महत्त्वपूर्ण है और इससे हमारी उस कल्पित रचना में महत्त्वपूर्ण परिवर्तन हो गया है जो अन्य सभी स्थानों पर और अन्य सभी समयों पर ठीक प्रकार से काम करती रही है। भविष्य वर्तमान पर आधारित होता है और इससे भी आगे वर्तमान ही भविष्य निश्चित करता है।

कारण की यह धारणा विज्ञान की केंद्रीय धारणा बन गई है। और वास्तव में इस धारणा ने वैज्ञानिक क्रांति के समय—कौन-सी ऐसी बात थी—को स्पष्ट करने में बहुत महत्त्वपूर्ण योगदान दिया है और न्यूटन की दुनिया को अरस्तू की दुनिया से अलग किया है। जब दुनिया ने एक मशीन का रूप धारण कर लिया तो यह धारणा मशीन में निहित ईश्वर बन गयी। परंतु अब मैं यह बताऊँगा कि उसके महत्त्व को बहुत बढ़ा-चढ़ा कर बताया जाता है। ऐसे दो और परिवर्तन हैं जिनका मेरी दृष्टि में इससे अधिक महत्त्व है। इनमें से एक है, इच्छा की दुनिया से मशीन की दुनिया में परिवर्तन। दूसरा परिवर्तन जिस पर मैंने सबसे अधिक बल दिया है—श्रेणी-विभक्त दुनिया का न्यूटन द्वारा मॉडल के रूप में निर्मित ऐसी दुनिया में परिवर्तन जो यद्यपि अपरिभाषित कणों और साधारण नियमों के उपस्तर पर बनी है फिर भी जो वास्तविक दुनिया के कक्षों पर प्रत्येक परिक्रमण के समय अभिमानपूर्वक चोट करती है। इन दोनों दुनियाओं में अर्थात् मशीनी दुनिया और न्यूटन के मॉडल में कारण की धारणा जोड़ने वाला एक अनिवार्य अंग है। किंतु यह धारणा बुनियादी धारणा नहीं है। इसके स्थान पर जोड़ने वाली अन्य चीज़ों से काम लिया जा सकता है और यदि इसे उचित समय पर नहीं बदला जाता तो इससे मशीन और मॉडल दोनों ही अपने-आप काम करना बंद कर देंगे। ऐतिहासिक दृष्टि से देखा जाए तो ऐसा ही हुआ है और आज विज्ञान तथा विज्ञान से भिन्न विषयों की समस्याओं के संबंध में यह बात बिल्कुल स्पष्ट है। यही एक बात है जिसका अब मैं इतिहास और वर्तमान स्थिति के संदर्भ में उल्लेख करूँगा।

अठारहवीं शताब्दी और व्यवस्था का विचार

अठारहवीं शताब्दी में आरंभ से पहले ही न्यूटन अपना महत्त्वपूर्ण कार्य समाप्त

कर चुका था। वह 1699 में टकसाल का प्रधान बना। उसने बड़ी कर्मठता और ध्यान से काम का संचालन किया और चूँकि उसने अठारहवीं शताब्दी की तीसरी दशाब्दी में वुड द्वारा तैयार किए गए हाफपेंसे की स्वीकृति दी थी, इसलिए स्विफट ने उसका ख़ास तौर पर मज़ाक उड़ाया था। परंतु 'बुक ऑफ रेवेलेशन' के भाष्य जैसे विषयों के अतिरिक्त उसने कोई और साहसिक परिकल्पनाएँ नहीं कीं। और चूँकि धर्म के विषय में उसके विचार सनकी थे, इसलिए इनसे उसे केम्ब्रिज में कोई लाभ नहीं हुआ। यद्यपि उसे सर की उपाधि से विभूषित किया गया, किंतु कॉलेज में उसे कोई पद प्राप्त नहीं हो सका।

मैंने न्यूटन की सफलता को संपूर्ण वैज्ञानिक क्रांति के समूचे प्रतीक के रूप में माना है। इस प्रकार न्यूटन द्वारा विज्ञान में रुचि खो बैठने को मैं अठारहवीं शताब्दी में विज्ञान के ह्रास का प्रतीक मानता हूँ। बौद्धिक शक्ति क्षीण हो गई और आविष्कार कम होने लगे, आशा की सुनहली किरण क्षीण और लुप्त होने लगी—यह सब उतना ही विस्मयजनक था जितनी विस्मयजनक स्वयं आशा थी। सत्रहवीं शताब्दी की सातवीं दशाब्दी की पराकष्ठा जो एक बाँध टूटने के समान थी, अभी निकट भूतकाल की बात थी। रॉयल सोसाइटी और अकादेमी रॉयल दे' साइंसिज की स्थापना हो चुकी थी। ह्यूजिस, बर्नोली, (Bernoullis), फांटेन्ले (Fontenelle) जैसे व्यक्ति अनेक वैज्ञानिक और प्रचारक, कलाकार और लेखक नई-नई अभिरुचियों और नए-नए कौशलों में नाम कमा चुके थे। आशा की इतनी चमक-दमक पहले कभी देखने को नहीं मिली थी, और यह शताब्दी की समाप्ति तक रही। इस संदर्भ में मैं अंतिम उदाहरण देता हूँ। इंग्लैंड में 1700 के आस-पास दो बड़े वास्तुकार हुए हैं. ..क्रिस्टोफर रेन (Christopher Wren) और जॉन वानब्रा (Johan Vanbrugh)। एक सेंट पॉल के चर्च का निर्माण समाप्त कर रहा था और दूसरा ब्लेनहीम के निर्माण का काम करने वाला था। मैंने पहले ही इस बात का उल्लेख किया है कि रेन एक विख्यात गणितज्ञ भी था, और वानब्रा ने हाल ही में 'द रिलैप्स' लिखी थी जो पुनःर्स्थापना युग के यंत्रवत् सुखांत नाटकों में से कम-से-कम एक रोचक नाटक अवश्य है।

उस समय किसी को यह गुमान भी नहीं था कि आगस्टन साहित्य और विज्ञान दोनों ही इतनी जल्दी नीरस हो जाएँगे। बोलिंगब्रोक जैसे छोटे-छोटे और

बर्कले ह्यूम जैसे बड़े-बड़े चिंतकों के हाथों में भी दर्शन साधारण और संशयात्मक वस्तु बनकर रह गया। अठारहवीं शताब्दी का रवैया सहिष्णुता और सुख का तरीक़ा बन गया, किंतु वस्तुतः इस शताब्दी में लोगों को प्राचीन परंपराओं के प्रति दोषान्वेषक श्रद्धा थी। रोम साम्राज्य के प्रति गिब्बन का यही रवैया है। डॉक्टर जॉनसन के प्रति बासवेल के रवैये का यह विशेष आकर्षण है।

यह रवैया कोई सहायक रवैया नहीं है। ख़ास तौर से विज्ञान के लिए, जो अनिवार्य रूप से अन्वेषणात्मक, आविष्कारशील और गंभीर विषय है, यह विशेष रूप से हानिकारक है। यह बात समझ में आती है कि स्विफट ने 'गुलीवर्स ट्रैवल्स, में विज्ञान को 'साउथ सी बबल' का एक रोचक प्रपंच बताया। यह भी स्वाभाविक ही था कि पोप और गे ने संग्रहकर्त्ताओं और फॉसिल ढूँढ़ने वालों का उपहास किया।

योग्य से बढ़ कर गुरु-गंभीर
दार्शनिक करते हैं संधान
तितलियों के चंचल दल बीच
खो जाते रहते हैं विज्ञान।

बनाते अनुशीलन का विषय
क्षुद्रतम मकड़ी का संसार
इसी विधि करते रहते नित्य
मनुज का ज्ञान-तन्तु विस्तार।

दिया करते अतुलित आनंद
प्रस्तरिता शिलीभूत जीवाश्म
विज्ञ गालेन को जो दिन रात
छछूँदर इब खोदे अविराम
ज्ञान को छिपे स्तरों से सतत्
सभी करते हैं यह स्वीकार—
मछलियाँ जिन सीपों में नित्य
किया करतीं स्वच्छंद विहार
उन्हीं के बारे में गालेन
जानता उनसे अधिक प्रकार।

अगर ऐसे उद्यम में छिपा
ज्ञान का प्रज्ञा का भंडार
ज्ञान की देवि ! तुम्हारी देन
करे फिर कौन न अंगीकार !

ये सब परास्त टोरी थे। उनका उन वैज्ञानिकों की सफलता पर कुढ़ना स्वाभाविक था, जिनमें से अधिकांश उनके भिन्न मतावलंबी और 'व्हिग' थे। रॉयल सोसाइटी 'स्क्रिबलरस' वर्ग के वैज्ञानिक सदस्य डॉक्टर अर्बथनाट (Dr. Arbuthnot) जो महारानी एन का चिकित्सक, गणितज्ञ, व्यंग्यकार और 'जॉन बुल' का निर्माता था, बिल्कुल अवज्ञा न कर सकी। पर पच्चीस वर्ष तक न्यूटन की प्रधानता के आधीन सोसाइटी अब आगस्टन संस्था के समान केवल 'व्हिग' पार्टी के दिन सुरक्षित संस्था बनकर रह गई।

विज्ञान और विद्या के प्रति टोरियों की शिकायत इसलिए समझ में आती है, क्योंकि उन्हें व्हिग पार्टी से शिकायत थी। किन्तु एडीसन और स्टील से ले कर सभी व्हिग बुद्धिवादियों ने विज्ञान को नाममात्र सम्मान प्रदान किया। दोनों दलों में से किसी भी दल के प्रतिष्ठित नेता ने रॉयल सोसाइटी में उतनी दिलचस्पी नहीं दिखाई थी जितनी किसी समय काउले और वालर और ड्राइडन ने दिखाई थी। अठारहवीं शताब्दी रूढ़िवादी बनती गई, रॉयल सोसाइटी रईसों और कला-प्रेमियों का क्लब बन गई, जिसमें अगले सौ वर्षों तक वैज्ञानिक एक त्रस्त एवं तुच्छ अल्पमत के रूप में ही रहे।

इसका परिणाम यह हुआ कि अठारहवीं शताब्दी में वास्तविक विज्ञान कार्य अजीब-अजीब व्यक्तियों जैसे केवेंडिश के समान विलक्षण बुद्धि वाले या ऑक्सफोर्ड के पुरातत्त्वान्वेषियों, इंग्लैंड के मध्य देशीय 'यूनिटेरियंस' और 'क्वेकर्स' तक सीमित रह गया, या फिर जेम्स ब्रिंड्ले जैसे अनपढ़ मिस्तरी ने यह काम किया, जिसने अंग्रेज़ी जल-मार्गों की सम्पूर्ण व्यवस्था का नमूना तैयार किया, किंतु उसे अंग्रेज़ी के शब्द 'navigation' अर्थात् 'नौचालन' के हिज्जे तक नहीं आते थे। इस प्रकार यह शताब्दी दो प्रकार के उथले लोगों में बँट गई। एक तो साहित्यिक उथले और दूसरे, विशेषकर उनका विरोध करने वाले वैज्ञानिक उथले। इन्हीं से इस भ्रमपूर्ण विरोध का आरंभ हुआ जिससे हम आज भी ग्रस्त हैं।

2

इस अप्रत्याशित परिवर्तन के क्या कारण थे ? इसके कम-से-कम तीन कारण थे : एक, सत्रहवीं शताब्दी में इंग्लैंड एक समुद्रयात्राप्रिय राष्ट्र था, और इसलिए हॉलैंड की भाँति इस पर भी नौचालन के विज्ञानों—खगोल विद्या, द्रव इंजीनियरी, प्रकाशिकी और घड़ियों के निर्माण—का प्रभुत्व था। रॉयल सोसाइटी की स्थापना के कुछ ही वर्षों के अंदर-अंदर चॉर्ल्स द्वितीय ने ग्रीनविच में एक वेधशाला की स्थापना की। परंतु यदि इंग्लैंड एक समुद्रयात्राप्रिय राष्ट्र भी बना रहता तो हॉलैंड की तरह उसका भी अठारहवीं शताब्दी में पतन हो जाता। तो ऐसी कौन-सी बात थी जिसने इंग्लैंड का उसकी समुद्री महानता से भी आगे बहुत विस्तार कर दिया ? वह बात यह थी कि इंग्लैंड एक ऐसा राष्ट्र भी था जो वस्तुओं का निर्माण करता था, उसने हॉलैंड और फ्रांस को विश्व विजय में इसलिए पछाड़ दिया क्योंकि उसके पास ऊन और लोहे और कोयले के साथ कपास को काम में लाने के साधन भी थे। रॉयल सोसाइटी इस बात से अनभिज्ञ नहीं थी। उसकी शुरू-शुरू की बैठकों में व्यावहारिक विषयों के, जैसे रंगाई और सिक्का-ढलाई, बंदूकों का निर्माण और शोधन, निमज्जन पोत (Diving Bell) और जनसंख्या के आँकड़े—अध्ययन पर ज़ोर दिया जाता था। यद्यपि सोसाइटी को इन आवश्यकताओं के बारे में सोचने का तो अधिकार था, किंतु इन्हें पूरा करना उसके बस से बाहर था। नए विज्ञानों के प्रवर्तक साधारण व्यावहारिक लोग थे जो अपने-अपने शिल्पों में प्रवीण थे। किंतु वे प्रतिष्ठित नहीं माने जाते थे। अठारहवीं शताब्दी में ऐसे व्यक्तियों को सदस्य बनाने और उन्हें सदस्य बनाने के रास्ते में आने वाली सामाजिक कठिनाइयों को दूर करने का काम तो कोई शक्तिशाली सोसाइटी ही कर सकती थी। अवसर मिलने पर स्वाभाविक विवशतावश प्रतिष्ठित रॉयल सोसाइटी की दृष्टि रईसों पर ही गई।

विज्ञान का दूसरा दुर्भाग्य था खगोल विद्या में न्यूटन प्रणाली की आशातीत सफलता। उसकी प्रणाती की तीव्र प्रगति और पूर्णता, जो उसके समकालीनों को सरस्वती की भाँति एक ही मस्तिष्क की उपज प्रतीत होती थी, एक प्रत्यक्ष प्रमाण थी। केवल गणित और कुछ स्वयं-तथ्यों (axioms) की सहायता से उसने इधर-उधर के प्रेक्षणों और काम करने के नियमों से एकमात्र प्रणाली

का निर्माण किया, जो मानो केवल दैवीय घोषणा अर्थात् प्रतिलोम-वर्ग-नियम (Law of Inverse Squares) द्वारा ही बनाई गई हो। बाइबल के युग से व्यापारिक राष्ट्रों की यह परंपरागत समस्या थी और प्रत्येक शिक्षित व्यक्ति को इसके हल से कुछ-न-कुछ लाभ था। और इसका हल इतना सरल था कि प्रत्येक व्यक्ति प्रतिलोम-वर्ग-नियम को समझ सकता था। जिस समय यह पता चल गया कि स्पष्टता की यह रोशनी पर्याप्त है तो–

दिया प्रभु ने जब यह आदेश
'जन्म न्यूटन का हो', तत्काल
हो गया दिव्यालोक विशेष।

–उस समय से यह भावना पैदा हो गई कि स्पष्ट रूप से यह ईश्वर का ही आदेश है। और इस प्रकार स्पष्ट रूप से गणित की प्रणाली, प्राकृतिक प्रणाली और सभी वैज्ञानिक वर्गों के लिए आदर्श बन गई। अभी 'प्रिंसिपिया' को प्रकाशित हुए केवल पाँच वर्ष ही हुए थे जब प्रसिद्ध शास्त्रीय विद्वान और 'ट्रिनिटी'; के अधिनायक डॉक्टर बैंटूले ने ईश्वर की रचना के अंतिम उदाहरण के रूप में गुरुत्त्वाकर्षण के नियमों पर भाषण देने के लिए न्यूटन को राज़ी कर लिया। इसका परिणाम यह हुआ कि जो चीज़ एक सजीव आविष्कार थी, जल्दी ही एक पद्धति की ठोस दीवारों में जकड़ी गई। अठारहवीं शताब्दी के चिन्तकों के लिए कम-से-कम इंग्लैंड के चिंतकों के लिए, विश्व की रूप-रेखा हमेशा के लिए तय हो गई। कोई भी नया विचार, उदाहरण के लिए शक्ति का विचार, इस विश्व में नहीं पनप सकता था, वह तो अंततः बाहर से ही इसमें प्रवेश कर सकता था। यह बात उल्लेखनीय है कि कार्य का विकास और उसका अंतिम रूप इंग्लैंड में नहीं बल्कि फ्रांस में तय किया गया, जहाँ वाल्टेयर ने इसे ईश्वरहीन व्यवस्था समझा। यहाँ तक कि न्यूटन का गणितीय आविष्कार कलन (Calculus) इंग्लैंड में वैसे का वैसा ही रहा जब कि यूरोप का प्रत्येक गणितज्ञ इसे लाइब्नीज़ से लेकर ख़ूब आगे बढ़ रहा था।

3

अब हम अठारहवीं शताब्दी के विज्ञान की तीसरी असफलता की ओर आते हैं जिसे मैं सबसे ज़्यादा दिलचस्प मानता हूँ। जो विज्ञान अपने विचारों को

बहुत तेज़ी से किसी पद्धति में बाँध देता है उसका दम घुट जाता है। उदाहरण के लिए, लगभग दो हज़ार वर्ष पूर्व परमाणु के संबंध में भोगवादियों (Epicureans) के विचार कुछ युक्तिसंगत थे, किंतु उनसे ऐसी भौतिकी को क्षति पहुँची जिसे अभी तक तापमान और दबाव तक मापना नहीं आता था और न ही उसे इनसे संबद्ध साधारण नियमों की जानकारी थी। या मध्यकालीन कीमियागरों (alchemists) की यह आशा कि मूल-तत्त्वों में भी परिवर्तन किया जा सकता है, इतनी विचित्र नहीं थी जितनी हम किसी समय सोचते थे। किंतु यह ऐसे रसायन-शास्त्र के लिए हानिकारक थी, जिसे अभी पानी और नमक की रचना की भी जानकारी नहीं थी।

अठारहवीं शताब्दी के पद्धतिकारों की महत्त्वाकांक्षा यह थी कि इतिहास और जीव-विज्ञान (Geology) और खनन (mining) और कताई को भी गणितीय दृष्टि से अंतिम रूप दे दिया जाए। यह एक ग़लत महत्त्वाकांक्षा थी और इससे बहुत हानि हुई। विज्ञान तो विश्व का विवरण है या यूँ कहिए विश्व की व्याख्या करने की एक भाषा है। जब किसी विज्ञान का खगोल विद्या जितना अध्ययन कर लिया जाता है तो न्यूटन के नियमों की भाँति उस विज्ञान का भी संक्षिप्त विवरण तैयार किया जा सकता है। परंतु ऐसा होने से पहले ऐसे विज्ञान के पास न केवल टाको ब्राहे और केप्लर के ही बल्कि हब्शियों और यहाँ तक कि बाबलवासियों के भी प्रेक्षण होने चाहिए। जब तक कोई विज्ञान प्रेक्षण और परीक्षण की लंबी अवधि को पार नहीं कर लेता तब तक वह अपने प्रेक्षणों को क्रमबद्ध करने की प्रणाली का विकास नहीं कर सकता। इसे न्यूटन जैसे विशाल क्रम में ठीक बैठाना केवल कल्पना मात्र है।

वस्तुतः ऐसा सोचने का कोई कारण नहीं कि पद्धति हर प्रकार के विज्ञान के लिए युक्तिसंगत है। किंतु इस संबंध में हमें तर्क करने की कोई आवश्यकता नहीं। इस विषय में निश्चित बात यह है कि जहाँ कहीं प्रारम्भिक कणों (Elementary pasrticles) या घटनाओं के उपस्तर (Substratum) पर स्वयं-तथ्यों के तरीक़े लागू होने की बात युक्तिसंगत है, यह तब तक लागू नहीं हो सकता जब तक उस विज्ञान के पास असाधारण रूप से प्रेक्षणों का असाधारण रूप से पूरा-पूरा विवरण हो। अठारहवीं शताब्दी में खगोल विद्या के अतिरिक्त कोई ऐसा विज्ञान नहीं था जिसके प्रेक्षणों का संपूर्ण क्रमबद्ध

इतिहास हो। वस्तुतः उस समय गणितीय प्रणाली का और आगे कोई भवष्य नहीं था।

इसलिए अठारहवीं शताब्दी में विज्ञान ने गणितज्ञों के हाथों नहीं बल्कि दृष्टि से दूर दो प्रकार के आनुभविक कार्यकर्त्ताओं के हाथों महत्त्वपूर्ण प्रगति की। एक तो ब्रिंड्ले जिसका मैंने पहले ज़िक्र किया है, और वेजवुड दंपति और डार्बी परिवार और जेम्स वॉट जैसे स्वनिर्मित आविष्कारक थे। और दूसरे प्रेक्षक और संग्रह करने वाले सनकी कलाविद् थे, जिनका मज़ाक़ उड़ाना एक फ़ैशन-सा बन गया था। ये सर हेन्स स्लोन (Sir hans Slaone) जैसे व्यक्ति थे जिसके संग्रह से ब्रिटिश संग्रहालय शुरू हुआ और सेल्बोन के गिल्बर्ट व्हाइट जैसे साधारण प्रेक्षक थे। ये लोग इटली से प्राचीन कला एवं इतिहास के अवशेष और टर्की से अभिलेख लाने वाले यात्री थे। उस युग के वैज्ञानिक प्रेक्षकों और संग्रहकर्त्ताओं के लिए अमरीकी राजमर्मज्ञ थॉमस जफर्सन आदर्श था। उसने चमकदार पत्थर से लेकर भारतीय भाषाओं का संग्रह किया और अमरीकी पौधों से लेकर फ्रांस की क्रांति तक सभी वस्तुओं का प्रेक्षण किया, और इस सबके साथ-साथ वह एक महान् मानववादी भी था।

यह प्रवृत्ति और औद्योगिक आविष्कारक की प्रवृति इंग्लैंड में मध्यदेशीय और उत्तर के प्रगतिशील निर्माताओं की छोटी-छोटी संस्थाओं में संयुक्त रूप से मिलती थी। ये संस्थाएँ मांचेस्टर फ़िलास्फिकल सोसाइटी जिसने रसायनज्ञ डाल्टन (Dalton) की खोज की और ल्यूनर सोसाइटी ऑफ बर्मिंघम जहाँ जोज़ेफ प्रीस्टले (Joseph Priestley) और जोसीयाह वेजवुड (Josiah Wedgwood) और विल्कन्सन (Wilkinson) और एजवर्थ (Edgeworth) परस्पर मिलते थे। चॉर्ल्स डार्विन का दादा इरास्मस डार्विन (Erasmus Darwin) ल्यूनर सोसाइटी का सदस्य था। कविता में उसके द्वारा रचित वनस्पति-विज्ञान के बाल-बोध ने जिनमें पौधों का प्यार 'द लव्स आफ दी प्लांट्स' जैसे विषय होते थे, तत्कालीन रूढ़िवादी शिक्षण पद्धति से भिन्न नई दिशा प्रदान की।

4

गणित से भिन्न जिन विज्ञानों में नई व्यवस्था की खोज की जा रही थी, उसका सर्वोत्तम उदाहरण वनस्पति-विज्ञान (Botany) है। आज तक यह विज्ञान स्वीडन

के प्रकृतिवादी लिन्नें (Linnaeus) की देन माना जाता है। जिसने अठारहवीं शताब्दी में स्पीशीज़ और परिवार के आधार पर वर्गीकरण की प्रणाली का सूत्रपात किया, जिस पर आज भी यह विज्ञान आधारित है। लिन्ने कैसी व्यवस्था की खोज कर रहा था ? क्या कारण है कि उसकी व्यवस्था उदाहरण के लिए रंगों के अनुसार फूलों के वर्गीकरण की अपेक्षा अधिक युक्तिसंगत थी।

विज्ञान का यह सबसे कठिन प्रश्न है। व्यवस्था की धारणा की परिभाषा उसकी सफलता के अतिरिक्त और किसी आधार पर नहीं की जा सकती। इस धारणा को किसी-किसी विज्ञान में पहले ही आरोपित नहीं किया जा सकता। फूलों का उनके रंगों के अनुसार वर्गीकरण करना स्पष्ट रूप से कोई मूर्खता नहीं, फिर भी नीले फूलों का संबंध शीतल जलवायु और अधिक ऊँचाई से तो है ही। पहले से ही ऐसा सोचने से प्रणाली में कोई दोष नहीं आ जाता। यह प्रणाली इतनी आसानी और इतनी बोधकता से कार्य नहीं करती जितनी परिवारों की समानता के अनुसार बनाई गई लिन्ने का वर्गीकरण।

व्यवस्था का अभिप्राय विभिन्न रूपों की श्रेणी की तुलना में दूसरी श्रेणी को चुनना है, क्योंकि इससे रूप की पृष्ठभूमि में वास्तविकता का ज्ञान अधिक अच्छी तरह से होता है। विज्ञान कुछ घटनाओं का वर्णन करने और उनके समान अन्य घटनाओं के संबंध में भविष्यवाणी करने की एक व्यवस्थित भाषा है। व्यवस्था विभिन्न रूपों का चुनाव है और किसी चुनाव का अभिप्राय होता है एक अर्थ-निर्णय जो यह चुनाव आरोपित करता है। यदि हम लिन्ने की भाँति सफल व्यवस्था चुनते हैं तो संभवतः हमें पहले उस विज्ञान के क्रम-विकास का पता चलता है और अंत में उस तरीक़े का जिसके अनुसार वंशानुक्रम चलता है। यदि हम आवर्त सारणी (Periodical Table) की भाँति दूरदर्शिता से रासायनिक तत्त्वों की व्यवस्था करें तो इससे हमें अणु-रचना और परमाणु-रचना, दोनों के सिद्धांतों का पता चल सकता है। जिस प्रकार कोई साहित्यिक यथार्थवादी जीवन के किसी ऐसे अंश को चुन कर ही जीवन की व्यवस्था करता है, जिस पर वह इतना निष्ठापूर्वक और इतना उदासीन होते हुए भी डटा रहता है, उसी प्रकार उपर्युक्त प्रत्येक मामले में हमारा चुनाव एक अचेतन अर्थ-निर्णय ही था।

अठारहवीं शताब्दी के प्रकृतिवादियों की इन सरल व्यवस्थाओं से हमें

बहुत कुछ सीखना है। इन प्रकृतिवादियों के विचित्र दिमाग़ असाधारण रूप से सैद्धांतिक पूर्वाग्रहों से मुक्त थे, गणित की पद्धति की प्रतिष्ठा के प्रभाव से बचने के लिए उन्हें ऐसा करना ही पड़ता था, उन्होंने अपने विज्ञान की भाषा को सबसे अधिक मानवीय रूप दिया जैसा कि किसी चरित्र के निर्माण के लिए किया जाता है। हम अपना चरित्र बदल नहीं सकते, हम केवल उसका विकास कर सकते हैं। यदि हम समझदार हैं तो जीवन-प्रर्यन्त सीखते रहते हैं और हमने जो कुछ सीखा होता है उसमें धीरे-धीरे नई बातें जोड़ते रहते हैं। और जीवन की समाप्ति पर हमारा व्यक्तित्व संपूर्ण और पूरे तौर पर व्यवस्थित होता है, जिसमें लड़कपन, पूर्व स्नातक, कट्टर पंथी और प्रेमी के सभी गुण होते हैं और वे सभी विकसित और पूरे होते हैं। यह संग्राहक और जीव-वैज्ञानिक और इतिहासकार का क्रम होता है। एक ऐसा क्रम जो उदाहरण के लिए, फ्रेज़र (Frazer) की गोल्डन बाओ (Golden Bough) को ऐसे वास्तविक लोगों के ज्ञान से भर दे जो अपने उन रीति-रिवाजों में मग्न हों जिनसे वे वास्तव में आनंद प्राप्त करते हों। एक ऐसा क्रम जिसके लिए अन्य वैज्ञानिक और मानववादी स्पर्धा करें।

5

प्रत्येक विज्ञान का सबसे महत्त्वपूर्ण कदम है, एक ऐसी प्रथम व्यवस्था का निर्माण जो अपने-आप में युक्ति-संगत हो और जो जाने-माने प्रयोगात्मक तथ्यों पर पूरी उतरती हो। लिन्ने ने वनस्पति-विज्ञान के लिए जो व्यवस्था निर्धारित की, उसमें हमें इस बात का स्पष्ट रूप से पता चलता है। इस व्यवस्था का बाद में क्रम-विकास और आनुवंशिकी पर काफ़ी महत्त्वपूर्ण प्रभाव पड़ा। परंतु यह व्यवस्था उन अन्य विज्ञानों के लिए भी उतनी ही महत्त्वपूर्ण थी, जिनमें से कुछ यद्यपि काफ़ी पुराने थे, पर अठारहवीं शताब्दी तक जिनके प्रेक्षणों का कोई क्रमबद्ध सिलसिला नहीं था। अन्य जीव-विज्ञान इस संबंध में स्पष्ट उदाहरण हैं। इनमें अत्यंत महत्त्वपूर्ण औषध-विज्ञान को ही लीजिए। यह विज्ञान उतना ही पुराना है जितना लिपिबद्ध इतिहास, यहाँ तक कि इस बात के भी कुछ प्रमाण हैं, कि प्रागैतिहासिक मानव को कपाल में छेद करने जैसी शल्यक्रियाओं का भी ज्ञान था। यूनानी काल से इसका स्तर काफ़ी ऊँचा हो

गया था। उसने मध्यकाल और पुनर्जागरण काल के अत्यंत मेधावी व्यक्तियों, विशेषकर उत्तरी अफ्रीका और स्पेन के हब्शियों और यहूदियों को अपनी ओर आकर्षित किया। सत्रहवीं शताब्दी में बड़े-बड़े आविष्कार हुए, जैसे पंप के रूप में दिल के कार्य और शक्ति के संबंध में विलियम हार्वे की खोज। और निश्चय ही औषध-विज्ञान में किसी व्यवस्था का अभाव नहीं था। अंग्रेज़ी के ये शब्द 'फ्लेग्मेटिक' और 'फाइरी' (श्लेष्मा और पित), जिन्हें हम आज भी इस्तेमाल करते हैं चार मानवी वृत्तियों पर आधारित पद्धति के दीर्घकालीन और स्थायी प्रभाव के द्योतक हैं, क्योंकि वृत्तियों का यह सिद्धांत केवल मनोवैज्ञानिक किस्मों का सिद्धांत नहीं था, जिससे हम बैन जान्सन के नाटकों द्वारा भली-भाँति परिचित हैं। यह तो औषधीय किस्मों का सिद्धांत था जो उन चार तत्त्वों पर आधारित था जिनका मैंने पहले उल्लेख किया है।

वृत्तियों के इस सिद्धांत ने रोगों और प्रकृतियों के अतिवादी चार प्रकारों—पार्थिव, जल, हवा या आग—में से एक का अधिक प्रकार से विश्लेषण करने का प्रयास किया। इस सिद्धांत की भूल यह थी कि इसने उन घटनाओं पर एक क्रम थोपना चाहा जिनका पर्याप्त प्रेक्षण नहीं हुआ था, और कुछ समय बाद इस सिद्धांत ने उसी व्यवस्था के अनुसार इन प्रेक्षणों को रूप प्रदान करना भी शुरू कर दिया। अठारहवीं शताब्दी में इस सिद्धांत से प्रभावित डॉक्टर अपने प्रेक्षणों को चार शास्त्रीय प्रकारों से भी कम अतिवादी प्रकारों में बाँधने से अधिक आगे न सोच सके। इस संबंध में मैं एक व्यक्ति का उदाहरण देता हूँ, इसलिए नहीं कि उसका इस संदर्भ में कोई संबंध नहीं, बल्कि इसलिए कि वह ज़ोरदार तौर-तरीक़े और लड़ने वाले स्वभाव का व्यक्ति था जो अपनी धारणाओं को अपने सतर्क बंधुओं से अधिक साफ़-साफ़ कहता था। यह ज़ोरदार व्यक्ति एडनब्रा का डॉक्टर जॉन ब्राउन था जो औषध-विज्ञान में तूफ़ानी पक्षी के समान था, परन्तु वह विशिष्ट औषध वैज्ञानिकों में से एक था और ऐसा व्यक्ति था जिसने रोग-निदान और उसके तकनीक में वास्तविक योगदान दिया था। 1780 के आस-पास डॉक्टर जॉन ब्राउन ने यह निश्चय किया कि सभी रोगों का दो में से एक कारण होता है। ये रोग या तो शरीर के ठोस भागों के खिंचाव से होते हैं या उनकी शिथिलता से। नींद लाने के लिए डॉक्टर जॉन ब्राउन ने अफीम निर्यास और उत्तेजित करने के लिए व्हिस्की की सलाह दी।

इन्हीं बड़े-बड़े दूरदर्शी सिद्धांतों ने औषध-विज्ञान का मज़ाक़ उड़वाया और डॉक्टर को नीम-हकीम बना दिया। रक्तस्राव, बेहोशी लाना और चीरा देना, रालरस (tar-water) से बिशप बर्कले को स्वस्थ करना और आलिवर गोल्डस्मिथ की बुखार के पाउडरों से हत्या करना—ये सब उन नियमों के अनुसार होता था, जो बिल्कुल कल्पित थे। अठारहवीं शताब्दी के बाद से औषध-विज्ञान में जो बड़ी प्रगति हुई वह इससे सर्वथा भिन्न थी। यह प्रगति रोगादि के चिह्नों की उस जटिल व्यवस्था के अति सूक्ष्म प्रेक्षणों के विषय में थी जो किसी रोग विशेष की सूचक है किसी और की नहीं। अंततः डॉक्टरों ने रोग की परिभाषा ढूँढ़ी और उसकी पहचान की, उन्होंने किसी भी रोग को बुखार कहना बंद कर दिया और वे उसे टाइफस या मलेरिया या इंफ्लुएन्जा के नाम से पुकारने लगे। इस साधारण व्यावहारिक तरीक़े से पहली बार रोग-निदान और फिर प्रयोग और विशेष निदान को महत्त्व प्राप्त हुआ। यह तरीक़ा उस शताब्दी के सर्वोत्तम कार्यों में से एक था, प्रेक्षण और क्रमबद्ध करने का ऐसा शांत कार्य जिस पर खगोल विद्या की विजय का कोई प्रभाव नहीं था। अठारहवीं शताब्दी के शुरू में लेडी मेरी वॉर्टले मांटेगू (Lady Mary Wortley Montague) से लेकर इस शताब्दी के अंत में डॉक्टर जेनर (Dr. Jenner) तक हम इस तरीक़े के उन उपायों को कार्यान्वित करते हुए देख सकते हैं, जिनके द्वारा पहले संक्रमण और फिर टीका लगाने से चेचक और गोचेचक का संबंध सिद्ध किया गया और फिर उनसे बचने का इलाज ढूँढ़ा गया।

इस प्रवर्तनकारी कार्य को उन्नीसवीं शताब्दी में पूरा किया गया और इसे एक संबद्ध रूप दिया गया। भू-पटल की कहानी को एक सूत्र में पिरोने से पूर्व भू-वैज्ञानिक और फासिलों की खोज करने वाले पिछले सौ वर्ष से भूमि की खुदाई कर रहे थे। इस कहानी ने उन्नीसवीं शताब्दी के आरम्भ की धार्मिक दुनिया को आश्चर्यचकित और भयभीत कर दिया। पचास वर्ष बाद वनस्पति-विज्ञान और जीव-विज्ञान संबंधी ध्यानपूर्वक किये गये प्रेक्षण अचानक और एकदम बेकार हो गए। लिन्ने ने इन प्रेक्षणों का वर्गीकरण उस तरीक़े के अनुसार किया जिसे मैंने मोटे तौर पर परिवारों में समानता की संज्ञा दी है। इसके बाद डार्विन ने इस विचार के समर्थन में आधार प्रस्तुत किया कि वास्तव में ये पारिवारिक समानताएँ हैं, जीवों में ये समानताएँ इसलिए होती

हैं, क्योंकि उनका वंश और परिवार एक ही होता है। ये समानताएँ तब केवल वर्गीकरण की एक प्रणाली-मात्र ही नहीं रह गई थीं बल्कि इन्हें अचानक उन समानताओं के ऐतिहासिक कारणों के सजीव पद-चिह्नों के रूप में देखा जाने लगा था।

समय के साथ-साथ अन्य प्रायोगिक विज्ञानों—भौतिक और जैविक—में भी ऐसी ही प्रगति हुई। अठारहवीं शताब्दी में भौतिकी, रसायन विज्ञान, विद्युत, और इंजीनियरी में इतनी प्रगति नहीं हुई थी कि इन्हें क्रमबद्ध किया जा सके और यही कारण था कि समाज में उनका कोई स्थान नहीं था। निर्माता और मिस्त्री ही स्वयं उन विज्ञानों में अपने-आप प्रयोग करते थे और उन्हीं की सक्रिय रुचि के कारण ही इंग्लैंड में औद्योगिक क्रांति हुई और विज्ञान की विभिन्न शाखाओं में ताल-मेल स्थापित हुआ। आप जरा बर्मिंघम में भाप के इंजन तैयार करने वाली बॉल्टन (Boulton) और वाट (Watt) की फ़र्म की कल्पना तो कीजिए। अठारहवीं शताब्दी की नवीं दशाब्दी से ही ये दोनों साझेदार अंग्रेज़ी वैज्ञानिकों के नेताओं में से थे और यहाँ तक कि आमूल परिवर्तनवादी विचारधारा होते हुए भी ये व्यक्ति रॉयल सोसाइटी में घुसने में सफल हो गए। इसके अलावा इस सोसाइटी में वे एक तीसरे व्यक्ति विलियम मर्डाक (William Murdock) को लाने में सफल हो गए, जो उनकी फ़र्म में कारीगर के रूप में लकड़ी का एक ऐसा हैट पहन कर आया जो उसने यह दिखाने के लिए खराद पर तैयार किया था कि एक कुशल कारीगर अपने हाथों से क्या-क्या काम कर सकता है। यही वे व्यक्ति थे जिन्होंने ल्यूनर सोइटी और मिस्त्रियों की संस्थाओं (मैकेनिक्स इंस्टिट्यूट्स) और विभिन्न कारीगरों और विभिन्न मतों वाले व्यक्तियों की छोटी-छोटी क्लबों को भौतिक विज्ञान की जानकारी प्रदान की।

आज हम जिन बातों से भली-भाँति परिचित हैं, उनके संबंध में उन्नीसवीं शताब्दी में प्रयोग किए गए, उन्हें अंतिम रूप दिया गया और उन्हें एक व्यवस्था के अनुसार एक सूत्र में पिरोया गया। डाल्टन ने रासायनिक व्यवहार का भौतिक आधार और हम्फ्री डेवी ने उसका वैद्युत आधार सिद्ध किया। फेराडे ने यांत्रिक गति और विद्युत धारा में पारस्परिक संबंध की खोज की। उन्नीसवीं शताब्दी के मध्य तक यह सामान्य धारणा विद्यमान थी कि ऊर्जा (Energy) के सभी

रूप वस्तुतः समान हैं। 1860 के आस-पास क्लर्क मेक्सवेल ने इस धारणा को गणितीय रूप दिया और उसने भौतिक विज्ञान में इतना काम किया जितना दो सौ वर्ष पूर्व न्यूटन ने खगोल विद्या में किया था। इसके अतिरिक्त वालपोल के युग की भाँति महारानी विक्टोरिया के इंग्लैंड में भी ऐसा प्रतीत होने लगा कि एक निश्चित युक्तिसंगत आशावादी युग का उदय होने वाला है।

6

मैं जिस समय के बारे में कहता रहा हूँ, अर्थात् 1730 से लेकर 1880 तक की लगभग डेढ़ शताब्दी का समय, विश्व के इतिहास में सबसे अधिक खलबलीपूर्ण युगों में से एक था। इसी काल में फ्रेड्रिक महान् ने एशिया का विस्तार शुरू किया, बड़े पिट ने फ्रांस से कनाडा और भारत छीना, दो लड़ाइयों के परिणामस्वरूप संयुक्त राज्य अमेरिका की स्थापना हुई, फ्रांस की क्रांति और लड़ाइयों ने यूरोप को बार-बार नया रूप दिया, सुधार और प्रतिक्रिया, नैतिक सुधार-आंदोलन (चार्टिस्म), क्रांति और दमन के दौर चलते रहे, और अंत में यह युग जर्मन साम्राज्य और उद्योग के उदय के साथ समाप्त हुआ और इनके पीछे लोगों के जीवन और उनके समाज की पूर्व-धारणाओं में उतने ही बड़े परिवर्तन हुए, जितने बड़े ये राजनीतिक परिवर्तन थे। यूरोप जो पहले इधर-उधर बिखरे कृषि-प्रधान देशों का एक समूह था, अब ऐसे राज्यों में परिवर्तित हो गया जिनमें तीव्र प्रतिस्पर्धा थी। इन सभी राज्यों में उद्योग ही जन-जीवन और सरकार को नया रूप प्रदान कर रहे थे। इंग्लैंड में इस युग में औद्योगिक क्रांति की प्रधानता थी। जिस समय 1851 में हाईड पार्क में क्रिस्टिल पैलेस में महारानी के पति ने महान् प्रदर्शनी का उद्घाटन किया, उस समय उस प्रदर्शनी में ऐसी कोई वस्तु नहीं थी जिसे स्ट्रॉबेरी हिल में जहाँ तब से सौ वर्ष पूर्व होरेस वालपोल रहता था, देखा जा सकता था या जिसकी कल्पना-मात्र भी की जा सकती थी। इन सौ वर्षों में इंग्लैंड की जनसंख्या 60 लाख से बढ़कर 80 लाख हो गई। पश्चिमी राइडिंग और मध्य देश में इधर-उधर बिखरे गाँव, जहाँ दस्तकार और उनके बच्चे कपड़ा, नख और छज्जेदार हैट बनाते थे, लीड्स और शेफील्ड और मांचेस्टर और बर्मिंघम और लीवरपूल की औद्योगिक बस्तियों में परिणत हो गए। कोयला, लोहा और कपास

अब उस इंग्लैंड के आधार-स्तंभ बन गए जिसकी मुख्य वस्तुएँ पहले ऊन और खुली खेती थी।

अठारहवीं शताब्दी के उतरार्द्ध में जिन अन्वेषणों ने इंग्लैंड का रूप बदल दिया, वे थे—कोयले से बना ढला लोहा, भाप-इंजन, कातने की मशीन, बिजली का करघा और कारख़ाना पद्धति। ये अन्वेषण और साथ ही कृषि के क्षेत्र में होने वाली प्रगति—ये सब तकनीकी आविष्कार थे। इसलिए कुछ सीमा तक ये आविष्कार सत्रहवीं शताब्दी के आविष्कारों पर आधारित थे। परंतु यह सीमा बहुत बड़ी नहीं है, आर्कराइट की कातने की मशीन या भाप-इंजन में भी ऐसी कोई चीज़ नहीं जिसे लियोनार्डो डा विन्सी न समझ सकता हो। किंतु बात ऐसी नहीं। वैज्ञानिक क्रांति का महत्त्वपूर्ण प्रभाव यह नहीं कि इसने इन मशीनों के उपायों का आवष्किार किया, बल्कि इसका महत्त्व इस बात में है कि इसने इन आविष्कारों के लिए वातावरण तैयार किया। 1660 के बाद इसका परिणाम यह हुआ कि इन उपकरणों में लोगों की रुचि बहुत बढ़ गई। हारग्रीव्स, जिसने चलयन्त्र (Jenny) का आविष्कार किया, एक बुनकर था, कार्टराइट उस समय पादरी था। जब उसने बिजली से चलने वाले करघे का आविष्कार किया, और नहरों के संबंध में रुचि रखने वाला ड्यूक ऑफ ब्रिजवाटर कोयले की खानों का एक ठेकेदार था। इन महानुभावों में अपने से सौ वर्ष पूर्व के व्यक्तियों से स्वभाव की अपेक्षा ज्ञान और प्रवीणता में कम भेद था। इनके लिए उद्योगों के यंत्र-विज्ञान और उनके वित्त-प्रबंध के विषय में सोचना स्वाभाविक-सा था। आर्कराइड को, जो एक नाई था और जिसका कोई सिद्धांत नहीं था, सिवाय इस चीज़ के जिसे हम औद्योगिक प्रबंध कहते हैं, कोई और जानकारी नहीं थी। उसने कारख़ाने को स्वयं एक मशीन के रूप में और उद्योग को एक टकसाल के रूप में देखा।

ये परिवर्तन इतनी तेज़ी से हुए और इतने क्षेत्रों में हुए कि मैंने इन सब का यहाँ क्रमबद्ध उल्लेख करने का प्रयत्न नहीं किया। और न ही मैं इनके मूल कारणों की खोज करना चाहता हूँ, इस बात का तो कभी भी स्पष्ट रूप से पता नहीं चला कि इतने बड़े पैमाने और इतनी बड़ी तेज़ी से यह औद्योगिक क्रान्ति कैसे हुई ? हमारा उद्देश्य विज्ञान की धाराणाओं के औद्योगिक क्रान्ति के साथ सम्बन्ध के बारे में जानना है। औद्योगिक क्रान्ति विज्ञान के

कारण नहीं हुई। न ही विज्ञान ने इस क्रान्ति को उत्तेजित किया था, क्योंकि अठारहवीं शताब्दी में विज्ञान का ऐसे काम से कोई सम्बन्ध नहीं था, और न ही इसे ऐसी किसी चीज का पता था, जिससे जॉन रोबक को एडिनब्रा में गन्धक का तेज़ाब बनाने में या बेंजामिन फ्रेंकलिन को तूफान में पतंग उड़ने या अमेरिका के साहसिकों में सबसे अधिक उत्साही काउंट रमफोर्ड को म्यूनिक में बंदूक की नाली में छेद करने में सहायता मिल सकती है। फिर विज्ञान ने क्या किया? विज्ञान ने इन व्यक्तियों और खानों, कारख़ानों, और कार्यशालाओं में काम करने वाले इन जैसे हज़ारों व्यक्तियों को उन्मुक्त रूप से सोचने के लिए प्रेरित किया। अब वे इस दुनिया को निश्चित या ऐसी मानते थे, जिसकी बड़ी देख-रेख की जाती हो। उन्होंने इस दुनिया को मानवनिर्मित और मानव द्वारा व्यवस्थित दुनिया के रूप में और इसके प्रत्येक भाग को मशीन समझा। औद्योगिक क्रान्ति के रहस्यवादियों की दृष्टि से भी यह बात बड़ी विचित्र सी लगती है। स्वीडनबर्ग की कृतियाँ हमें इस बात का स्मरण कराती हैं कि वह धातुओं और खानों का विशेषज्ञ था और ब्लेक की भविष्यवाणीपूर्ण पुस्तकें पहियों के ऊपर चलने वाले पहियों, सूर्य से चलने वाले शुभ पहियों और उनके विरुद्ध चलने वाले अशुभ पहियों के प्रतीकों से भरी पड़ी है। पाइथागोरसवादियों और कबालवादियों और ऐसे लोगों के लिए जो पिरोमिडों द्वारा अपना भविष्य जानते थे, घटनाओं और नामों को संस्थाओं से जोड़ना हमेशा से उनकी एक प्रिय इच्छा रही है। परन्तु अपने जन्म के वर्ष अर्थात् 1728 की संख्या से रहस्यमय उद्देश्य का पता लगाने का काम विशेष रूप से वाट के कर्मठ व्यापारिक साझेदार बोल्टन पर छोड़ दिया गया क्योंकि यह संख्या एक घन फुट में घन इंचों की द्योतक है।

उन्नीसवीं शताब्दी और कारण-तत्त्व

अब मैं वैज्ञानिक पद्धति की मुख्य समस्याओं की ओर आ रहा हूँ; और मैं इस बात को स्पष्ट कर देने में कोई कसर नहीं रखना चाहता कि वास्तव में समस्या क्या है। बहुत-सी वैज्ञानिक समस्याओं में जो कठिनाई होती है,

वह है प्रश्न को ठीक तरह कहने की; बस एक बार यह काम हो गया तो उसका उत्तर अपने-आप मिल जाता है। दर्शन संबंधी समस्याओं के लिए तो कम-से-कम यह बात ठीक है। और इन सब बातों के अलावा यह बात पद्धति की उन सब समस्याओं के लिए सत्य है जो आज हमें परेशान करती हैं।

इसीलिए मैं इस संबंध में पक्की तरह तय कर लेना चाहता हूँ कि हम कभी भी उन उपायों को अपनी दृष्टि से ओझल न होने दें जिनके कारण विज्ञान के विचार में सभी नियम कारणवाची रूप में तैयार किए जाने चाहिए। ये उपाय अपने-आप में एक महत्त्वपूर्ण लड़ी बना लेते हैं और कारणवाची नियमों की प्रधानता तो केवल अंत में ही आती है। हमें यह बात निश्चयपूर्वक नहीं मान लेनी चाहिए कि विज्ञान कारण और प्रभाव के नियमों की अनिवार्यतः और एकमात्र खोज ही है।

विज्ञान का आरंभ इस धारणा से होता है कि दुनिया की अपनी कोई व्यवस्था है या ऐसा कि मानवीय प्रबंध से इसे व्यवस्थित किया जा सकता है। इस प्रबंध के अनुसार चीज़ों के वर्गों के अनुसार, समान चीजों के वर्गों के अनुसार नहीं, बल्कि उन चीज़ों के वर्गों के अनुसार जो एक-सी प्रतीत होती या एक-सा व्यवहार करती हैं। एक-सा व्यवहार इसलिए क्योंकि चीज़ों को व्यवस्थित करने का कार्य केवल चुपचाप बैठकर एक-से शब्दों का उच्चारण करने से नहीं किया जाता, जिस प्रकार बाबा आदम ने जीवों के नाम रखे थे। यह तो यत्न और भूल की प्रायोगिक क्रिया है। सर्वप्रथम हमें इसके आनुभविक स्वभाव की ओर ध्यान देना चाहिए क्योंकि समानता और असमानता का पता लगाने के लिए अनुभव के अतिरिक्त और कोई उपाय नहीं; हमें यह देखना चाहिए कि इन वर्गों में चीज़ों की व्यवस्था, ऐसी दुनिया, ऐसे जीवन के समान है और उनमें ठीक बैठती है जैसी दुनिया में हम रहते हैं और जैसा जीवन हम व्यतीत करते हैं। चीज़ों को एक वर्ग में रखने का काम शुरू करने से पहले हमें यह बात विशेष रूप से देखनी चाहिए कि वे चीज़ें बड़ी-बड़ी बातों में समान हैं, छोटी-छोटी बातों में नहीं। हम ऐसे जीवों की अपेक्षा, जो तैरते हैं या जो अंडे देते हैं, स्तनधारियों का एक वर्ग बनाना अधिक महत्त्वपूर्ण अर्थात् अधिक सुविधाजनक और अधिक खोजपूर्ण समझते हैं, यद्यपि ऐसा करने से व्हेल और बत्तखचोंचे जैसे अपवाद उपस्थित हो जाते हैं। हम

समानताओं के अनुसार चीज़ों को क्रमबद्ध करते हैं और समानताएँ वे होती हैं जिनका ज्ञान हमें सबसे पहले होता है और तब हम यह अनुभव करते हैं कि वे समानताएँ महत्त्वपूर्ण हैं।

विज्ञान का यह एक सिद्धांत है कि विज्ञान में जिन प्रक्रियाओं का अध्ययन किया जाता है, उन्हें मशीन के रूप में लिया जाता है। इसका अभिप्राय यह नहीं कि उनका कार्य लीवरों, चरखियों, स्प्रिंगों, चुंबकों, डाइनमों और रेडियो के वल्वों द्वारा निर्मित किसी कल्पित मशीन के समान होना चाहिए। कलर्क मेक्सवेल के भौतिक विज्ञान में ऐसी कोई मशीन नहीं थी जो ईथर की प्रकृति का अनुकरण कर सके; परंतु ईथर को छोड़ने का कारण यह नहीं था। इसे इसलिए छोड़ दिया गया था क्योंकि इसमें ऐसी कोई विशेषता नहीं मिली जिन्हें अवकाश (Space) की विशेषताओं के समान न समझा जा सकता हो। अवकाश की जिन विशेषताओं की आज हम कल्पना करते हैं उन्हें कोई भी मशीन पुनः प्रस्तुत नहीं कर सकती; पर हम यह नहीं मानते कि अवकाश मशीन के अतिरिक्त भी कोई और चीज़ है। विज्ञान में मशीन एक धारणा है, जिसकी निश्चित विशेषताएँ हैं, जिन्हें अलग किया जा सकता है, जिन्हें अवकाश और समय में पुनः प्रस्तुत किया जा सकता है और जिनकी प्रवृत्ति के बारे में पूर्व सूचना संभव है। इसका यह मतलब नहीं कि प्रत्येक विवरण में इसकी प्रकृति निश्चित होती है। मेंडल द्वारा बनाए गए वंशानुक्रमण के सिद्धांत (Laws of inheritance) मशीन की भाँति ही हैं, यद्यपि ये नियम यह बताने का दावा नहीं करते कि जब गुलाबी और सफ़ेद फूलों वाली मटरों का संकरीकरण होता है तो तीसरी पीढ़ी के प्रत्येक मटर का रंग क्या होगा। यद्यपि इन नियमों में विशेष रूप से बिना सोचे-समझे जीनों (genes) के जोड़े शामिल किए जाते हैं तो भी ये नियम मशीन की तरह ही हैं। मशीन के संबंध में हमारी धारणा में ऐसी कोई बात नहीं कि हम पैसा उछाल कर या यादृच्छिक (random) संख्याओं की सारणी को देखकर इस प्रकार की भविष्यवाणी के द्वारा कि 30 प्रतिशत संभावना है कि आने वाला कल सुहावना होगा, कोई निर्णय नहीं कर सकते। अठारहवीं शताब्दी के अंत में लेमार्क ने वंशानुक्रमण के जिस संशोधन का सुझाव दिया था यह भी मशीन ही था, क्योंकि इसमें यह अभिधारणा भी आती है कि जैविक प्रक्रिया को अज्ञात कारणों के निरंकुश विभेदन

(irruption) से अलग किया जा सकता है और ज्ञात शक्तियों द्वारा उसे क्रियाओं के नियमानुकूल क्रम में बाँधा जा सकता है।

मशीन पुनरावृत्ति करती है जबकि उसका मॉडल नकल उतारता है। मशीन की अभिधारणा यह है कि समान प्रारंभों से समान परिणाम निकलते हैं। यह ज़रूरी ही नहीं कि परिणाम एक ही हो, परंतु यदि परिणाम एक से अधिक हों तो प्रक्रिया के बार-बार दोहराने पर ये परिणाम पुनरावृत्ति-योग्य अनुपातों में होने चाहिए। मशीन की पृष्ठभूमि में मॉडल एक ऐसी काल्पनिक दुनिया बनाता है जिसके परिणाम मशीन जैसे ही होते हैं। मॉडल में वे सब क्रियाएँ दिखाई जाती हैं जिनसे इन प्रारंभों से उपर्युक्त परिणाम निकलते हैं। अर्थात् मॉडल मूलभूत इकाइयों की श्रेणी की व्यवस्था करता है और उन नियमों या स्वयं तथ्यों का प्रतिपादन करता है जिनका उन इकाइयों को पालन करना होता है; और यह सिद्ध करता है कि यदि वास्तविक दुनिया उन इकाइयों से बनी हो जो इन नियमों का पालन करते हों तो उनकी प्रकृति बिल्कुल वैसी ही होगी जैसी हमारी दुनिया की होती है। मैंने मेंडल का जो उदाहरण दिया था उसमें मशीन केवल इतना ही बताती है कि जब सफ़ेद और गुलाबी फूलों वाले मटरों का अपने-आप संकरीकरण होता है तब सफ़ेद और गुलाबी फूलों के ऐसे नये वंश का उदय होता है जिसमें सफ़ेद और गुलाबी रंग का अनुपात लगभग निश्चित होता है और इसलिए अनुभव के आधार पर इस अनुपात के बारे में हम पहले से ही बता सकते हैं या अनुपात की परीक्षा कर सकते हैं जो 1:3 होता है। मॉडल जो विधि प्रस्तुत करता है उससे प्रकृति इस अनुपात पर नहीं पहुँचती किंतु पहुँच सकती है। उस उद्देश्य से मॉडल में जीवों और अनियमित मेल के नियमों की अभिधारणा की जाती है। यह ज़रूरी नहीं कि एक मॉडल कारण और प्रभाव द्वारा ही कार्य करे।

2

फिर भी कारण और प्रभाव के विचार का हमारे मन पर असर है। जब हम सतर्कतापूर्ण वैज्ञानिक समस्याओं पर विचार कर रहे होते हैं तो भी हमें अपने-आप को इस असर से मुक्त कराने में बहुत बड़ी कठिनाई होती है और अचेतन रूप में हम हर बार फिर इसी की ओर झुकते हैं। हम सभी समस्याओं

को स्वभावतः इसी दृष्टि से देखते हैं।

इसका कारण है विक्टोरिया युग के वैज्ञानिकों की सफलता जो उन्हें कारण और प्रभाव को अपना मार्गदर्शक सिद्धांत मानने पर मिली। मैंने अठारहवीं शताब्दी में विज्ञान की औपचारिक शाखाओं का जीव-विज्ञान (Biology) में या भौतिक विज्ञान, रसायनशास्त्र, विद्युत और चुम्बकत्व के नये-नये प्रयोगों में असफल रहने के बारे में काफ़ी विस्तारपूर्वक लिखा है। अठारहवीं शताब्दी में विज्ञान की इन शाखाओं को जिन चीज़ों की आवश्यकता थी वे थीं—प्रेक्षण और प्रयोग। परंतु उन्नीसवीं शताब्दी इस प्रारंभिक परिश्रम के आधार पर अपना कार्य आरंभ कर सकी और जीव-विज्ञान और भौतिक विज्ञानों के उस महान् कार्य को एक ऐसा रूप प्रदान कर सकी जैसा कि हमारी शताब्दी के प्रारंभ में था।

ज्ञान के इन प्रत्येक क्षेत्र में कारण और प्रभाव के कार्य को व्यवस्थित करके एकता स्थापित की गई थी। यह विचार विक्टोरिया युग के लोगों पर छाया रहा और उनके लिए वैज्ञानिक पद्धति का ऐसा केंद्र बन गया जैसा यह न्यूटन के समकालीनों के लिए था, जिनसे उन्होंने लिया था। उस समय उन समकालीनों को जिस बात ने प्रभावित किया था और प्रत्येक अन्य वैज्ञानिक क्षेत्र में पंगु बना दिया था, वह थी रात के आकाश में कारणों के समावेश में न्यूटन की सफलता। न्यूटन ने कहा था कि ग्रह एक प्रकार की अदृश्य खगोलीय प्रत्यास्थता (Invibile celestial elastic) अर्थात् गुरुत्त्वाकर्षण की शक्ति से अपने-अपने कक्षों में रहते हैं और सच्ची बात यह है कि कारणों का यह साधारण मॉडल ख़ूब सफल हुआ।

उन्नीसवीं शताब्दी के लोग इसी प्रकार की सफलताओं और इनसे भी अधिक भौतिक विज्ञान की सफलताओं से इतने प्रभावित हुए कि उन्होंने विज्ञान की प्रत्येक शाखा के संबंध में कारण और प्रभाव के विन्यास की माँग की। यह बात भूगर्भ-विज्ञान और जीव-विज्ञान के उन आविष्कारों से स्पष्ट हो जाती है जिनका मैंने उल्लेख किया है। कारण और प्रभाव का ठीक-ठीक क्रम बताए बिना उक्त शक्ति शताब्दी के प्रारंभ में भू-गर्भ-विज्ञान ने बाइबल में सृष्टि की कथा को चुनौती देने में तनिक भी हिचकिचाहट न की। उस समय चट्टानों के प्रमाण को पर्याप्त मान लिया गया। ईश्वर में विश्वास रखने वालों ने जब

इस बात पर आपत्ति की और कहा कि ऐसा भी हो सकता है कि ईश्वर ने स्वयं शैल-स्तर (strata) ख़ाली छोड़ दिए हों और उन्हें फ़ासलों में रख दिया हो; किंतु भू-वैज्ञानिकों ने इसे अव्यावहारिक सिद्ध करना आवश्यक न समझा; वे इस बात से संतुष्ट थे कि उक्त कथन अस्वाभाविक है किंतु युक्तिसंगत दुनिया किस प्रकार चलती है—इस संबंध में उनका केवल यह विचार नहीं था। प्रकृति के संबंध में उनका दृष्टिकोण बस यही था जो अब आंइस्टाइन ने निर्धारित किया है अर्थात् ईश्वर चतुर तो है किंतु वह द्वेष नहीं रखता।

किंतु बाद में जीव-वैज्ञानिक और अधिक सतर्क हो गए। उनमें से अधिक का विश्वास था कि क्रम-विकास हुआ है; अर्थात् जातियों की समानता का कारण वंश की एकता है। परंतु उनमें से कोई भी वैज्ञानिक अपने-आप को इस विश्वास से संबद्ध करने के लिए तब तक तैयार नहीं था जब तक उसे कारण और प्रभाव की किसी ऐसी व्यवस्था पता नहीं चल जाए जिससे समानताएँ और असमानताएँ उत्पन्न हुई हों। विकासवाद का आविष्कार चॉर्ल्स डार्विन ने नहीं किया था; यह तो उसके दादा को मालूम था। डार्विन ने यह अनुभव किया कि यदि हम यह मान लें कि परिस्थिति अच्छे ढंग से रहने वाले पशुओं को उनके प्रतिपक्षियों के साथ जीवन की होड़ अर्थात् जीवन-संघर्ष में उनका अस्तित्व बनाए रखती है तो विकासवाद अपने-आप स्पष्ट हो जाता है। बस एक बार डार्विन ने कारण और प्रभाव की शृंखला प्रस्तुत की कि सभी ने विकासवाद को स्वीकार कर लिया; और इसे दुनिया में डार्विन के सिद्धांत के नाम से पुकारना बिल्कुल स्वाभाविक माना जाने लगा।

इसके दो सौ वर्ष बाद न्यूटन की पद्धति अर्थात् कारणों और क्रम-विन्यासों की पद्धति, विज्ञान की प्रत्येक शाखा का प्रतिमान बन गई। इसके अतिरिक्त किसी और पद्धति की कल्पना नहीं की जा सकती थी; और अन्य किसी व्यवस्था को केवल अस्थायी प्रबन्ध ही समझा जाता था। विज्ञान की ऐसी बहुत-सी शाखाएँ थीं जिनका मैंने उल्लेख किया है, जहाँ किसी कारणवाची प्रणाली पर बल देने से बड़े सराहनीय परिणाम निकले। किंतु कुछ ऐसी भी शाखाएँ थीं जिनके परिणाम अत्यंत भीषण थे। उदाहरण के लिए अर्थशास्त्र को ही लीजिए। यह कभी भी आधुनिक विज्ञान नहीं बन सका क्योंकि यह अपने-आपको एडम स्मिथ की 'वैल्थ ऑफ नेशन्स' की घातक युक्ति के औचित्य से छुटकारा नहीं

दिला सका। मनोविज्ञान को ही लो। मनोविज्ञान में 'कारण' शब्द का अर्थ है–प्रेरणा या विवशता और 'प्रभाव' का अर्थ है–व्यवहार। इस आधार पर जो यांत्रिक प्रणालियाँ तैयार की गयी हैं वे मनोभाव के पुराने सिद्धांत से वास्तव में किस प्रकार श्रेष्ठ नहीं।

यह उदाहरण यहाँ किस प्रकार असंगत नहीं है। प्रेरणा और व्यवहार के परस्पर संबंध से हमारा गहरा लगाव है। 'स्वच्छंद पुनरुत्थान' (Romantic Revival) के समय से अंग्रेज़ी साहित्य का मुख्य रूप से इसी बात से संबंध रहा है। परंतु कोई भी संवेदनशील प्रेक्षक प्रेरणाओं के ऐसे अमार्जित विश्लेषण से संतुष्ट नहीं हो सकता जो अब भी वैज्ञानिक कहलाता है। इसलिए लेखकों ने स्वयं इस बात का अनुभव किया कि उन्हें वैज्ञानिक मतों के विरुद्ध लिखना चाहिए। उन्होंने अपने-आपको और अपने नायकों को इस समाप्त-प्राय दुनिया में सनकी या विद्रोही, पथभ्रष्ट आत्मा या लड़ने-मरने के लिए तत्पर व्यक्ति के रूप में चित्रित किया है। इससे ऐसा निराशावादी वातावरण उत्पन्न हो गया जो थॉमस हार्डी से लेकर वर्जीनिया वुल्फ तक के सभी उपन्यासों में स्पष्ट दिखाई देता है।

3

वैज्ञानिक क्रांति के समय से प्रकृति ने हमारे सम्मुख जो सजीवतम एवं गहनतम समस्या प्रस्तुत की है, हम यहाँ उसी का उल्लेख कर रहें हैं। इस समस्या की तीव्रता और आकर्षण का केवल यही कारण नहीं कि यह वैज्ञानिक प्रणाली की तकनीकी समस्या है। इस समस्या का उस तत्त्वमीमांसा से दूर का संबंध है जिसके बारे में हम सब सोच सकते हैं और स्वतंत्रता से अपने विचार व्यक्त कर सकते हैं; और यदि हम इस सम्बन्ध में विचार करें तो कम-से-कम स्वतंत्रतापूर्वक अवश्य ही बोल सकते हैं। वैज्ञानिक विषयों में साधारण स्तरीय बातचीत करने में आम तौर पर यह कठिनाई आती है कि वैज्ञानिकों और जनसाधारण के बीच ऐसी कोई समान भाषा नहीं जिसमें वे परस्पर वैज्ञानिक विचारों के सम्बन्ध में विमर्श कर सकें। इसलिए प्रत्येक पीढ़ी में ऐसे विषय, जो बहुत लोकप्रिय हो जाते हैं, वही विरले अपवाद होते हैं, जिन्हें व्यक्त करने के लिए कोई समान भाषा होती है। यही कारण था कि उन्नीसवीं शताब्दी

में लोग पृथ्वी के युग और मनुष्य के उद्भव के बारे में इतने जागृत हो गए थे। किन्तु प्रगति के ये सोपान विज्ञान की विभिन्न शाखाओं में होने वाले सोपानों में सबसे विराट या अत्यंत रुचिपूर्ण या अत्यंत लोकप्रिय नहीं थे। वे किसी प्रकार भी असाधारण नहीं थे। परन्तु वे सोपान विशेष प्रकार के वैज्ञानिक विचारों के सूचक थे और उनका क्षेत्र ऐसा था जिसकी भाषा सभी समझते थे। अब परंपरागत मत और नए वैज्ञानिक दृष्टिकोण के बीच परस्पर वाद-विषय को स्पष्ट रूप से समझा जा सकता है और उसके संबंध में तर्क किया जा सकता है। इसलिए आज कारण और प्रभाव की हमारी परिचित धारणाओं और संयोग की नई धारणा के बीच तर्क ही जनसाधारण और वैज्ञानिक के बीच समान आधार है। पिछली शताब्दी की भाँति अब भी ऐसे अनेक वैज्ञानिक हैं जिनका दृष्टिकोण परंपरागत है।

मेरे विचार में, अन्य बातों की अपेक्षा इस बात में हम विज्ञान के बदलते रूप को देख सकते हैं और यही एक ऐसी बात है जहाँ जनसाधारण वैज्ञानिक के लगभग बिल्कुल निकट आ जाता है क्योंकि नवीन विचार दोनों के लिए समान रूप से नवीन होते हैं। परंतु स्पष्ट रूप से यह जानने के लिए कि भविष्य में विज्ञान के क्षेत्र में क्या होने वाला है और यह देखने के लिए कि इस परिवर्तन का अभिप्राय क्या है, हमें यह भली-भाँति समझ लेना चाहिए कि कारण और प्रभाव की परिचित धारणा का आधार कितना संकीर्ण है। इसीलिए मैंने इसके इतिहास का विस्तारपूर्वक उल्लेख किया है। ऐतिहासिक दृष्टि से सत्रहवीं शताब्दी की वैज्ञानिक क्रांति परिवर्तन-स्थल थी। परंतु उस क्रांति का प्रभाव और भी गहरा था, कारण संबंधी धारणा तो उसका गौण परिणाम था; और यद्यपि यह आज तक इसका युक्तिसंगत परिणाम प्रतीत होता है किंतु वास्तव में ऐसा है नहीं। यह ऐसा इसलिए प्रतीत होता था क्योंकि बिलियर्ड की गेंदों और ग्रहों के यंत्र-विज्ञान को एक ही सिद्धांत में बाँधने में वैज्ञानिक क्रांति को विशेष सफलता मिली। किंतु विज्ञान खगोल विद्या ही नहीं; यद्यपि उन्नीसवीं शताब्दी में वैज्ञानिकों ने बिलियर्ड की गेंदों से गैसों का कार्यकारी चित्र तैयार कर लिया था फिर भी ये गेंदें विज्ञान नहीं थीं।

अन्य लोगों की अपेक्षा 'एनसाइक्लोपीडी' (Encyclopedie) के फ्रेंच विचारकों ने स्पष्ट रूप से यह परिणाम निकाला कि समस्त वैज्ञानिक पूर्व कथन

खगोल विद्या के पूर्वकथन के समान है। न्यूटन ने कहा कि यदि हमें किसी समय सभी आकाशीय पिंडों की मूल स्थिति और उनकी गतियों का पता हो तो हम तब से लेकर अंतकाल तक उनकी हलचल का पता लगा सकते हैं। फ्रांस के गणितज्ञ लाप्लास (Laplace) ने कहा कि यदि उक्त कथन ठीक है तो आप स्वयं किसी समय विश्व के प्रत्येक परमाणु की मूल स्थिति और उनकी गतियों की कल्पना कीजिए। जब आपको इन सबका पता चल जाए तो आप अब से लेकर अनंत काल तक विश्व, उसके अणुओं और उसके मानवों, उसकी नीहारिकाओं (Nebulae) और उसके राष्ट्रों के भाग्य के बारे में भविष्यवाणी कर सकते हैं और इससे भी अधिक आप भविष्य के साथ-साथ भूतकाल का भी पता लगा सकते हैं और इस प्रकार भूतकाल से लेकर अंतकाल तक का चित्र फिर से बना सकते हैं। यह ठीक है कि वास्तव में ऐसे परिकलन की आशा करना कल्पनामात्र है। फिर भी विज्ञान लाप्लास के लिए उन कारणवाची नियमों का आविष्कार ही बना रहा जो इस आशा के अधिक-से-अधिक निकट पहुँचने में हमारी सहायता करते हैं।

लाप्लास ने इस दृष्टिकोण के व्यापक अर्थों का स्पष्ट रूप से अनुभव किया और उन्हें स्पष्ट रूप से व्यक्त किया। इस दृष्टिकोण के मार्ग में, विशेषकर मानवीय कार्रवाई का स्थान निर्धारित करने में, कई कठिनाइयों का सामना करना पड़ा; और उनसे बचने के लिए कई तर्क और आडंबर गढ़ने पड़े। उदाहरण के तौर पर ऐसा कहा गया है कि ऐसा भी समय आता है जब प्राकृतिक नियम आकस्मिक ही बदल जाते हैं और परिमाण में वृद्धि हो जाने से गुण में अंतर आ जाता है। चूँकि इस बात की अब भी कल्पना की जाती है कि इन क्रांतिक (Critical) कार्रवाइयों का ठीक-ठीक समय और स्वरूप पूर्व घटनाओं से पता चल जाता है, और नए नियमों का प्रतिपादन इन्हीं परिवर्तनों द्वारा ही होता है, इसलिए वास्तव में कारणता में कोई बाधा नहीं आती। परिवर्तन तो आकस्मिक ही होता है किंतु यदि लाप्लास द्वारा माँगे गए सभी तथ्य प्राप्त हो जाएँ तो हम इस परिवर्तन का पता लगा सकते हैं।

इसीलिए इन उपायों का कारणता की संपूर्णता और सार्वभौमिकता में पूरा विश्वास है। ये उपाय समय की परिधि में गणक (Computer) के कार्य को और भी कठिन बना देते हैं। परंतु वे उसकी प्रकृति को नहीं बदलते; यह

तो केवल गति के समीकरणों (Equations) की किसी कल्पित सारणी को हल करने का गणितीय प्रश्न बन जाता है। ऐसे उपाय कारणता में निहित विश्वास को जटिल बना देते हैं, परंतु वे उसे बदलते नहीं और पिछली शताब्दी में उन्हें बदलने भी नहीं दिया गया था।

4

अब इस विश्वास से काम नहीं चलेगा, उसके कई कारण हैं। इन कारणों के प्रभाव अलग-अलग हैं। मैं एक कारण से, जो अपने-आप में पूरा तो नहीं है, बहुत अधिक प्रभावित हुआ हूँ और उसने मेरे विश्वास को डगमगा दिया है और मैं मानता हूँ कि उसने दूसरों के विश्वास को भी इसी प्रकार डगमगा दिया होगा। लगभग तीन सौ वर्षों से हम लगातार यह सोचते चले आ रहे हैं कि यदि कोई ऐसा कारणवाची नियम है जिसे चुनौती नहीं दी जा सकती तो वह है गुरुत्त्वाकर्षण का। कारणता की संपूर्ण परंपरा इसी नियम की विजय पर आधारित है। आज से सौ वर्ष पूर्व, जब पृथ्वी से दूर वरुण [Uranus] नामक ग्रह की गति समय के अनुसार प्रतीत नहीं होती थी तो हमने निश्चयपूर्वक यह बात मान ली थी कि उससे और दूर भी कोई ऐसा ग्रह है जिसकी गुरुत्त्वाकर्षण शक्ति का उस पर प्रभाव पड़ रहा है। इंग्लैंड में एडम्स और फ्रांस में लेवरियर ने, जो एक-दूसरे को बिल्कुल नहीं जानते थे—काग़ज़, पेंसिल और न्यूटन के नियमों की सहायता से इस ग्रह की स्थिति का पता लगाया। ज्यों ही बर्लिन में सबसे बड़ी दूरबीन का मुँह इस ग्रह की ओर किया गया तो यह स्पष्ट हो गया कि यह ग्रह वरुण ही है और यह गुरुत्त्वाकर्षण के अपरिवर्तनीय नियमों का स्पष्ट प्रमाण था।

किंतु गुरुत्त्वाकर्षण के सिद्धांतों का अब कहीं भी पता नहीं चलता। अब गुरुत्त्वाकर्षण नाम की कोई वस्तु नहीं; कोई शक्ति नहीं; यह सारा आधार ही ग़लत था। यह सिद्धांत वास्तव में जो कुछ होता है उसके सन्निकटण (approximation) से अधिक कुछ न था। जब न्यूटन ने बल को कारण का एक रूप माना तो उसने पदार्थ को प्रयत्न की वैसी मानवीय विशेषता प्रदान की जैसी कि उसे अरस्तू ने मानवीय संकल्प के रूप में दी थी। अब वास्तविक कारण तो अंतरिक्ष की प्रकृति और ऐसी प्रणाली में निहित हैं जिसके

अनुसार पदार्थ अपने-आपको अंतरिक्ष में विकृत करता है और ये कारण उन कारणों से बिल्कुल मेल नहीं खाते जिन्हें हम लगभग तीन सौ वर्षों से मानते चले आ रहे थे। भाग्य की विडंबना देखिए—एडम्स (Adams) और लेवरियर (Leverrier) ने इस महान् परिवर्तन को साठ वर्षों के लिए और आगे स्थगित कर दिया क्योंकि सन् 1900 के आस-पास शास्त्रीय भौतिक-विज्ञान में जिस संकट की शुरूआत हुई, वह एक ऐसी विचित्र घटना थी जिसकी व्याख्या करने में ये दोनों व्यक्ति लग गए। अब केवल बुध (Mercury) ग्रह ही ऐसा था जिसकी गति समय के अनुसार नहीं थी। हमने इसका कारण जानने का यथाशक्ति प्रयत्न किया किंतु इस अनियमितता के लिए किसी नए वरुण को दोषी न ठहरा सके। यह बात तभी साफ़ हुई जब न्यूटन के सिद्धांत की बुनियादी धारणाओं, विशेषकर समय के संबंध में उसकी धारणा में आमूल परिवर्तन किया गया।

जैसा कि मैंने कहा है, कारणात्मक नियमों के संबंध में मेरी यह अंतिम आपत्ति नहीं है। आइंस्टाइन ने पुराने सिद्धांत के स्थान पर जिस नए सिद्धांत का प्रतिपादन किया वह भी कारणात्मक ही है। यद्यपि क्षेत्र-सिद्धांत के रूप न्यूटन के सिद्धांत की अपेक्षा कम यंत्रवत् हैं। वर्तमान महान् भौतिक-विज्ञानवेत्ताओं में आइंस्टाइन ही अकेला वैज्ञानिक है जो कारणता के सिद्धांत का आज भी प्रबल समर्थन करता है। किंतु दो बातों के कारण मैं ऐसा अनुभव करता हूँ कि चिर-समर्थित कारणात्मक सिद्धांत के समाप्त हो जाने से उसके प्रति हमारा विश्वास उड़ जाना चाहिए। एक तो यह है कि ऐतिहासिक दृष्टि से कारणात्मक सिद्धांत के संपूर्ण विचार का उदय गुरुत्त्वाकर्षण की विजय से ही होता है और दूसरी बात यह है कि अब हम यह देखते हैं कि किसी प्रकार के कारणगत यंत्रवाद में अटूट मानवीय आस्था होना संभव है; प्रकृति के हर काम के बारे में जाना जा सकता है; यह विश्वास होना भी संभव है और यह भी संभव है कि इस बात का स्पष्ट प्रमाण मिल जाए कि कोई भी प्रत्यक्ष अंतर वास्तव में कारणात्मक सिद्धांत के अनुसार ठीक बैठता है। पिछले दो सौ वर्षों में ये सब बातें ठीक हो सकती थीं, इनका प्रतिवाद नहीं किया जा सकता था और ये और पक्की होती जा रही थीं। किंतु अंत में हम क्या देखते हैं कि कारण तो केवल मिथ्या है। कोई और ही चीज़ काम कर रही थी जिसका प्रसिद्ध

कारणात्मक सिद्धांत के साथ कोई संबंध नहीं। मशीन तो कभी भी प्रकृति की नकल नहीं थी। मशीन तो केवल एक बड़े ग्रह-घर (Planetarium) के समान थी जो नक्षत्रों को ठीक समय पर ठीक स्थान पर रखती थी किंतु जिसकी कारणगत यंत्र-रचना टालमी की कारणगत यंत्र-रचना की तुलना में प्रकृति की यंत्र-रचना के अधिक समान न थी।

5

आइंस्टाइन ने न्यूटन के गुरुत्त्वाकर्षण का गहराई के साथ अध्ययन करने के पश्चात् ही उसमें दोष निकाला। आइंस्टाइन ने यह देखा कि इस सिद्धान्त में समय और अवकाश को निरपेक्ष माना गया था और ये सभी पर्यवेक्षकों के लिए बराबर हैं। किंतु जब उसने उन प्रक्रियाओं के बारे में विचार किया जिनसे विभिन्न पर्यवेक्षक आकाश में वास्तव में अपने-अपने समय की तुलना कर सकते हैं तो उसने यह अनुभव किया कि ये उपर्युक्त धारणा से मेल नहीं खाते। हम एक स्थान से दूसरे स्थान तक सूचना भेजे बिना, जिसके भेजने में भी समय लगता है, दो अलग-अलग स्थानों के समय की तुलना नहीं सकते। इसका परिणाम यह हुआ कि आइंस्टाइन ने यह सिद्ध कर दिया कि संसार में सर्वव्यापी 'अब' नाम की कोई वस्तु नहीं; प्रत्येक पर्यवेक्षक के लिए 'यहाँ' और 'अब' का ही महत्त्व है और अवकाश और समय एक-दूसरे से विभिन्न रूपों में जुड़े हुए हैं और एक ही वास्तविकता के दो रूप हैं। इसके अतिरिक्त अवकाश की रचना को पदार्थ से अलग नहीं किया जा सकता, जो उसी में निहित है।

अतः आइंस्टाइन के आपेक्षिकता (Relativity) भौतिक-विज्ञान में समय सर्वव्यापी पहले और पीछे निश्चित क्रम के अनुसार नहीं चलता। एक के बाद एक होने वाली घटनाएँ जो एक पर्यवेक्षक को एक क्रम के अनुसार घटित होती प्रतीत होती हों, दूसरे पर्यवेक्षक को उनके विपरीत क्रम में घटित होती प्रतीत हो सकती हैं। बहुत समय पहले ह्यूम और जॉन स्टुअर्ट मिल ने इस बात पर ज़ोर दिया था कि कारण और प्रभाव का मूल तत्त्व उनके क्रम में है, कारण पहले होना चाहिए, प्रभाव बाद में। इस प्रकार आइंस्टाइन की समय की धारणा कारणता की परिभाषा में एक और कठिनाई जोड़ देती है।

अजीब-सी और नागवार-सी बात लगी।

यह एक खोज थी और इसका गहरा प्रभाव पड़ा। किंतु अब यह इतनी अजीब या परिवर्तनकारी नहीं लगती। इसके विपरीत, मेरी पीढ़ी के लोग अनिश्चतता के सिद्धांत को संसार का सर्वाधिक स्वाभाविक और व्यावहारिक कथन मानते हैं। हमें ऐसा प्रतीत होता है कि इस सिद्धांत ने विज्ञान को व्यवस्थाहीन बना दिया। इस सिद्धांत ने विज्ञान से तत्त्वमीमांसा को निकाल दिया और उसमें वैज्ञानिक उद्देश्य रहने दिया जिसे हम काफ़ी समय से भूल गए थे।

विज्ञान का उद्देश्य एक ऐसी व्यवस्थित योजना के अनुसार या व्यवस्थित भाषा में संसार का वर्णन करना है जिसमें हमें अपना भविष्य जानने में सहायता मिल सके। हम यह भविष्यवाणी करना चाहते हैं कि संसार की भावी प्रकृति के बारे में हम क्या कर सकते हैं; विशेषकर हम यह पहले से बताना चाहते हैं कि इन विभिन्न वैकल्पिक क्रियाओं के अंतर्गत संसार की प्रगति कैसी होगी जिनमें से प्रायः हम चुनते हैं। यह तो बहुत सीमित-सा उद्देश्य है। इसका कारण और प्रभाव के सर्वव्यापी कार्यों के बड़े-बड़े सामान्यीकरणों से कोई संबंध नहीं। इसका कारण और प्रभाव या किसी अन्य विशेष प्रकार की यंत्र-रचना से बिल्कुल कोई संबंध नहीं। इस उद्देश्य का अभिप्राय निश्चय और कार्य में सहायक के रूप में संसार को क्रमबद्ध करना है; इसमें ऐसी कोई बात नहीं जिसका अभिप्राय यह हो कि यह व्यवस्था एक की अपेक्षा दूसरे प्रकार की हो। व्यवस्था ऐसी होनी चाहिए जिसके अनुसार हम सुविधा से शिक्षाप्रद ढंग से काम कर सकें। यह कोई ऐसी चीज़ नहीं जिसके बारे में हम तय कर सकें; यह तो कोई ऐसी चीज़ भी नहीं जिसके बारे में हम कोई सिद्धांत तय कर सकें। यह तो वही है, जो हमें मिलता है और जिसे हम लाभदायक समझते हैं।

इस संबंध में मैं आपको एक उदाहरण देता हूँ। पौधे उगाने का एक कारणात्मक तरीक़ा स्पष्ट रूप से उनका लिंग है। 1710 के आस-पास महारानी ऐन (Queen Anne) के समय तक किसी को इस बात का पता नहीं था कि पौधों का भी लिंग होता है। किंतु उससे हज़ारों वर्ष पूर्व से मानव पौधे उगा रहे थे। संसार के अधिकतर भाग में मानव ने वास्तव में कुछ रूखी-सूखी किस्मों के घास से विभिन्न प्रकार की गेहूँ बनाकर अपनी संस्कृति का निर्माण

किया है। उसके तरीक़े कारणात्मक नहीं थे; किंतु उसका काम कम-से-कम उतना सफल था जितना महारानी ऐन के समय के युक्तिवादियों (Rationalists) का।

काम करने के लिए तत्त्वमीमांसीय विश्वास होना अनिवार्य नहीं कि जिन नियमों के अनुसार हम कार्य करते हैं वे सर्वमान्य हों और शेष सब उनके समान हों। इसके विपरीत अंततः इस प्रकार के सभी विश्वास विज्ञान के सिद्धांतों के प्रतिकूल होते हैं। लाप्लास का मत था कि यदि हम वर्तमान को पूरी तरह से जानते हैं तो हम भविष्य को भी पूरी तरह से जान सकते हैं। फ्रांसीसी क्रांतिकारियों के लिए इस धारणा के पीछे राजनीतिक और धार्मिक बल था। किंतु इसका कोई वैज्ञानिक अर्थ नहीं। इस बात का किसी वैज्ञानिक या किसी साहित्यिक विवरण से साम्य नहीं क्योंकि इस बात का संबंध न तो वर्तमान और न ही भविष्य की वस्तु-स्थिति से है। इस बात को बार-बार दोहराने का कोई महत्त्व नहीं कि यदि हम वर्तमान से भली-भाँति परिचित हों तो हम भविष्य का भली-भाँति पता लगा सकते हैं। हम ऐसा नहीं करते और सच बात तो यह है कि कर भी नहीं सकते।

अनिश्चितता के सिद्धांत का आधुनिक भौतिक विज्ञान से ठीक यही संबंध है। यह सिद्धांत इस प्रकार का कोई दावा नहीं करता कि यदि हम किसी इलेक्ट्रॉन की वर्तमान स्थिति के विषय में कुछ जानते हों तो हम भविष्य में उसकी स्थिति के बारे में कुछ बता सकेंगे या नहीं। इस सिद्धांत से तो केवल इसी बात का पता चलता है कि हम उस इलेक्ट्रॉन की वर्तमान स्थिति को पूरी तरह से नहीं जान सकते। उदाहरण के लिए हम यह ठीक-ठाक जान सकते हैं कि अमुक इलेक्ट्रॉन की वर्तमान स्थिति क्या है या उसकी गति क्या है किंतु हम दोनों बातें नहीं जान सकते। अर्थात् इसका परिणाम यह है कि हम उसके भविष्य के बारे में नहीं बता सकते।

अंततः अनिश्चितता के सिद्धांत से हमें विशेष रूप से जिस बात का पता चलता है और जिसे हम पहले से ही जानते हैं, वह है—विज्ञान वास्तविकता को बताने का एक तरीक़ा है; इसलिए यह प्रेक्षणों पर निर्भर करता है और यह ऐसी किसी भी चीज़ के लिए दावा नहीं करता जो प्रेक्षणों की परिधि से बाहर हो। इसके अतिरिक्त और कोई भी चीज़ विज्ञान नहीं, शास्त्रीय ज्ञान

है। उन्नीसवीं शताब्दी में अधिकतर लोगों का विश्वास था कि प्रत्येक वस्तु का उसके कारणों की सहायता से वर्णन किया जा सकता है। यह बात भी उस मध्यकालीन धारणा से कम शास्त्रीय नहीं कि प्रथम कारण से ही प्रत्येक वस्तु का पता चल सकता है।

6

इस स्थिति में वे लोग जो कारणता को प्रकृति का दूसरा रूप मानते हैं, पलायन का अन्य मार्ग ढूँढ़ने का प्रयास करते हैं। वे कहते हैं कि क्यों न हम उस प्रकृति में बराबर विश्वास रखें जिसकी प्रत्येक गतिविधि पूर्ण रूप से सुनिश्चित है। हम ऐसा क्यों कहें कि भविष्य में होने वाली घटना का केवल इसलिए पता नहीं लगाया जा सकता क्योंकि विज्ञान का ऐसा मत है कि यह हो नहीं सकता ? मान लीजिए जैसा कि अब विज्ञान का मत है कि भविष्य में होने वाली घटना के बारे में न बता सकना केवल थोड़े समय की बात नहीं है। यह भी मान लीजिए कि वैज्ञानिकों का यह मत बिल्कुल ठीक है और वे ऐसे कोई सिद्धांत नहीं बना सकते। जिनसे वे भविष्य में होने वाली छोटी-छोटी घटनाओं के बारे में बता सकें। यह सब होते हुए भी शंकालु यह कहते हैं, यह ठीक है कि ऐसी कुछ बड़ी-बड़ी बातें हैं जिनके भविष्य के बारे में किसी वैज्ञानिक रीति से न तो अब और न ही बाद में बताया जा सकता है। क्या फिर यह बहुत बड़ी खोज हैं ? क्या वास्तव में यह विज्ञान के अतिरिक्त किसी और चीज़ के बारे में भी खोज है ? क्या यह इस बात का पर्याप्त प्रमाण है कि विज्ञान की विधियों में कुछ कमियाँ हैं और उनका क्षेत्र सीमित है ? हम यह क्यों मान लें कि चूँकि विज्ञान प्रकृति के कारणों और प्रभावों के जाल के बारे में नहीं बता सकता इसलिए ऐसा कोई जाल है ही नहीं। यहाँ तक कि लाप्लास ने भी यह कभी नहीं सोचा था कि कोई भी मनुष्य व्यवहार में किसी भी चीज़ की वर्तमान स्थिति से उसके भविष्य का पूरी तरह से पता लगा सकता है। उसे वैज्ञानिक भविष्वाणियों की व्यावहारिक सीमाओं का पूरा-पूरा ज्ञान था। ऐसी स्थिति में हम इसी विचार को क्यों नहीं अपनाए रह सकते कि सिद्धांत रूप से तो भविष्य का पता लगाया जा सकता है, चाहे व्यवहार में वैज्ञानिक इसका पता लगा सकें या नहीं।

किंतु दुःख इस बात का है कि यह आकर्षण और विद्वत्तापूर्ण विचार वास्तविक बात को तो छोड़ ही जाते हैं। निस्सन्देह लाप्लास का यह मत नहीं था कि मनुष्य ऐसे किसी गणना यंत्र द्वारा वर्तमान से भविष्य का पता लगा सकेंगे जिसका वे बाद में व्यवहार रूप में निर्माण कर सकेंगे। किंतु उसका यह विश्वास था कि सिद्धांत रूप में ऐसा हो सकता है यदि मानव द्वारा नहीं तो किसी अलौकिक गणनायंत्र द्वारा तो ऐसा हो ही सकता है। उसका यह विश्वास था कि भविष्य तो पूर्ण रूप से तथा अंतिम रूप से निश्चित होता है। भविष्य का पता जैसा कि उस समय था, पहले से ही गणितज्ञ विद्या से जाना जा सकता है; और यह दुनिया तो बिल्कुल उस मशीन की भाँति है जो निश्चित यांत्रिक प्रक्रियाओं द्वारा भविष्य का हिसाब लगाती है।

यह बात वर्तमान तथा भविष्य के प्रति हमारी धारणाओं के बिल्कुल विपरीत है। वास्तव में हम दो कारणों से वर्तमान को लाप्लास की मशीन की भाँति किसी सामान्य मशीन पर आरोपित नहीं कर सकेंगे। एक तो यह कि अपेक्षिकता-सिद्धांत ने अंतरिक्ष में बहुत दूरी पर स्थित दो स्थानों की वर्तमान स्थिति को जानने में कठिनाइयों की ओर संकेत किया है और दूसरा कारण यह है कि अनिश्चितता के सिद्धांत से यह बात स्पष्ट हो गई है कि किसी एक स्थान की वर्तमान स्थिति को भी असीमित यथार्थता से नहीं बताया जा सकता। हमें इन कठिनाइयों से तकनीकी भाषा में हमारे अपने तथा लाप्लास के विचारों में अंतर का पता चलता है, जो साधारण भाषा में बिल्कुल स्पष्ट और सीधा है। यह अंतर है—लाप्लास के विचार में विज्ञान अब या समय आने पर भविष्य के बारे में ठीक-ठीक जान सकेगा। ऐसा करना इसलिए अव्यावहारिक होगा क्योंकि इसमें बहुत अधिक परिश्रम करना पड़ेगा। किंतु यह कठिनाई ऐसी है जिस पर मनुष्य काबू पा सकता है। इस प्रकार हम कह सकते हैं कि समस्त मानवीय ज्ञान ब्रिटानिका विश्वकोश में भरा जा सकता है यद्यपि व्यवहार में उसे लिखने के लिए कर्मचारियों और उसे छापने के लिए काग़ज़ की व्यवस्था करना संभव नहीं। किंतु भविष्य के बारे में ठीक-ठीक न बता सकने का हमारा कारण इससे बुनियादी तौर पर भिन्न है। वह यह कि हम सिद्धांत में भी नहीं जानते कि यह कैसे किया जा सकता है। हम ऐसे कोई नियम नहीं जानते जिनसे किसी एक इलेक्ट्रॉन के वर्तमान से उसके

भविष्य के बारे में ठीक-ठीक बता सकें। वास्तव में हम तो यह भी नहीं जानते कि उसका ठीक-ठीक वर्तमान और भविष्य क्या है। और हम यह सिद्ध कर सकते हैं कि यह एक अनिवार्य सीमा है; कोई भी वैज्ञानिक विधिपूर्ण तथा असीमित यथार्थता के साथ इन स्थितियों को बता सकता है या इनके विषय में भविष्यवाणी कर सकता है।

किंतु क्योंकि हम जानते नहीं, क्योंकि विज्ञान इन्हें नहीं जान सकता तो इसका क्या यह अभिप्राय है कि भविष्य अनिश्चित है ? क्या हमने यह स्वीकार नहीं किया कि यह केवल वर्णन करने की ही सीमा है ? और इसका अभिप्राय यही क्यों है कि कोई संसार में ऐसी परिपूर्ण यंत्र-रचना नहीं और हमारी दृष्टि तथा हमारे सूक्ष्मदर्शी इतने धुँधले हैं के वे इस यंत्र-रचना के कार्य को नहीं देख सकते ?

यह एक आकर्षक सुझाव है; किंतु मैं इसे भावपूर्ण मानता हूँ क्योंकि इसके अनुसार यदि किसी प्रश्नकर्त्ता के सामने विज्ञान और कारणता दो विकल्प हों तो वह कारणता की ओर ही कूदता है। चूँकि कारणता विज्ञान का केवल एक उपकरण मात्र है इसलिए मेरे विचार में जब एक बार यह पता चल जाए कि यह अब एक उपकरण के रूप में भी काम नहीं कर रहा तो केवल विश्वास के रूप में उस पर चिपके रहना असंगत होगा। निस्संदेह प्रत्येक व्यक्ति अपनी प्रिय आस्था की वैज्ञानिक अर्थात् आनुभविक विधि से अधिक पसंद करने में स्वतंत्र है। किंतु हम यह न सोचें कि उसकी आस्था सामान्य अंधविश्वास के अतिरिक्त कुछ और भी है। विज्ञान द्वारा भविष्य में होने वाली किन-किन घटनाओं का पता चल सकता है और ऐसी कौन-कौन-सी बातें हैं जो अलौकिक रूप से निश्चित हैं—उस भेद को जानने का प्रयत्न करना वास्तव में लज्जाहीन आत्मप्रवंचना के अतिरिक्त और कुछ नहीं। विज्ञान उन बातों का व्यावहारिक अध्ययन है जिनकी जाँच की जा सकती है और उनकी भविष्यवाणी है जिनकी जाँच की जाएगी। ऐसा कहना कि इस जाँच योग्य दुनिया में कारण गौण होते जा रहे हैं जब कि उसकी प्रत्येक वस्तु अनिवार्य रूप से ऐसी है जिसकी जाँच नहीं हो सकती—यह ऐसी बात है जिससे न तो हमें कोई सहायता मिल सकती है और न ही यह अर्थपूर्ण है; यह तो केवल मन बहलाने का एक सहारा है। हम ऐसा भी कह सकते हैं कि वास्तव में लाल नाकों वाली नीली-नीली

परियाँ इलेक्ट्रॉनों को चलाती हैं और केवल उन्हें ही इस बात का पता होता है कि ये क्या कर रही हैं। हम जब-जब भी उनकी ओर देखते हैं तो ये परियाँ तुरंत ही छिप जाती हैं। यदि इन परियों को निश्चित रूप से भविष्य में भी देखने की आशा नहीं की जा सकती तो इन्हें किसी तर्कसंगत, आध्यात्मिक या धार्मिक पद्धति में बाँधने का कोई अर्थ नहीं।

ये सब विचार पूर्ण रूप से असंबद्ध नहीं हैं। हमें यह बात याद रखनी चाहिए कि उनका एक व्यावहारिक अर्थ है और इनकी अपनी-अपनी सीमाओं में इनकी सहायता से प्रतिदिन व्यावहारिक परिणामों के संबंध में भविष्यवाणी की जाती है। उदाहरण के तौर पर अत्यन्त विस्फोटक पदार्थ यूरेनियम 235 (U_{235}) ही लीजिए। यह संभव नहीं कि इसका छोटा-सा टुकड़ा फट जाए किंतु इसके बड़े टुकड़े का विस्फोट होना संभव है। तो ऐसा कौन-सा क्रांतिक आकार है जो छोटे को बड़े से अलग करता है ? यह एक ऐसा प्रश्न है जिसका उत्तर अनिश्चितता के सिद्धांत ने बड़ी सफलतापूर्वक दिया है। हमने इस सिद्धांत की सफलता देखी है और यद्यपि निस्संदेह यह एडम्स और लेवरियर द्वारा की गई वरुण (Neptune) ग्रह की खोज से न कम न ज़्यादा निश्चयात्मक है। फिर भी यह कोई कोरी कल्पना-मात्र नहीं। या नाभिकीय (Nuclear) विभाजन का ही उदाहरण लीजिए; ये सब उदाहरण व्यंग्यात्मक रूप में उपयुक्त हैं क्योंकि हेसनबर्ग ही एक ऐसा महान् भौतिकविद् था जो जर्मनी में परमाणु शक्ति प्रायोजना का कार्य करता रहा, और जर्मनी की असफलता मुख्य रूप से हेसनबर्ग के निर्देशन की असफलता थी। उदाहरण के तौर पर घर में बने एक बड़े-से प्लूटोनियम के पिंड को ही लीजिए जिसमें इस बात का ध्यान रखा जाए कि उसका आकार क्रांतिक आकार से कम हो। हम यह जानते हैं कि 25,000 वर्ष में इसका आधे से अधिक भाग रेडियोधर्मिता के कारण नष्ट हो चुका होगा। किंतु हम यह नहीं जानते कि वह कौन-सा आधा भाग है; हम प्लूटोनियम के किसी एक दाने के संबंध में यह नहीं बता सकते कि यह पिंड के नष्ट भाग का अंश होगा या दूसरे का। कोई भी भौतिक नियम ऐसा नहीं बता सकता और ऐसा हो भी नहीं सकता। यह महत्त्वपूर्ण बात है। यह तो निश्चित है कि कोई भी कारणात्मक सिद्धांत कुछ ज्ञात एवं सुनिश्चित तथ्यों का उल्लंघन किए बिना ऐसी भविष्यवाणी नहीं कर सकता।

हो सकता है कि हम एक विचित्र विरोधाभास पर पहुँच रहे हों। आज से केवल तीन सौ वर्ष पूर्व जब हाब्स (Hobbes) ने कारणात्मक सिद्धांत की महान् सफलता पर बल दिया था तब से विज्ञान ने बहुत प्रगति की है और यह प्रगति इसी सिद्धांत का पालन करने के कारण हुई है। किंतु अब मैं कहता हूँ कि यह सिद्धांत अपने आप में ही भ्रामक है; प्रकृति कारणों और उनके प्रभावों का निश्चित तारतम्य नहीं है। तब विज्ञान दुनिया को कारणात्मक सिद्धांतों के अनुसार कक्षों में चलने वाली वस्तु के रूप में चित्रित करने में इतना सफल कैसे हुआ ? और यदि हमारे कोई कारणात्मक सिद्धांत नहीं हैं तो क्या हम संसार को सिद्धांतहीनता की ओर नहीं धकेल रहे ? क्या हम किसी प्रकार के विज्ञान के विचार तक का भी त्याग नहीं कर रहे ?

इन प्रश्नों का उत्तर मैं अगले अध्याय में दूँगा। मैं यह बताऊँगा कि सिद्धांत और अनिश्चितता दो अलग-अलग वस्तुएँ हैं और संयोग के कम परिचित किंतु अधिक कठोर सिद्धांत स्थापित किए जा सकते हैं। और तब हम देखेंगे कि कारणात्मक सिद्धांत इन्हीं सिद्धांतों का संग्रह है और इनकी सफलता का कारण यह है कि वे इन मामलों का श्रेष्ठ सन्निकटन हैं जहाँ संयोग के सिद्धांत प्रचुर संभावनाओं में परिवर्तित हो जाते हैं।

किंतु यहाँ मैं अब एक गूढ़ विचार के साथ इस बात को समाप्त करना चाहता हूँ। मैंने कहा है कि भौतिक विज्ञान में विशेषकर आज सबसे बड़ी कठिनाई का कारण कारणात्मक नियमों की खोज है किंतु बात यहीं समाप्त नहीं होती। यदि भौतिक तथ्यों को लेकर उनसे निश्चयपूर्वक तर्क सहित वे नियम निकालें जिनका वे भौतिक तथ्य पालन करते हैं तो हमें यह बात ध्यान रखनी चाहिए कि कोई भी वैज्ञानिक प्रणाली वास्तव में निगमनिक (deductive) नहीं है, किसी भी वैज्ञानिक प्रणाली के पीछे एक ऐसी कल्पना होती है जैसी कि न्यूटन में थी। उसने कणों की दुनिया की परिभाषा की, ऐसे नियम या स्वयंतथ्य बनाए जिनका ये कण पालन करते हैं और तब यह सिद्ध किया कि इन कणों को मिलाकर एक ऐसी दुनिया बनती है जो उस दुनिया से मिलती-जुलती है जिसे हम जानते हैं। ये अंतिम कण क्या हैं, इस संबंध में न्यूटन का कोई सिद्धांत नहीं था। हमने ही इन्हें पहले अणु, फिर परमाणु

फिर इलेक्ट्रॉन तथा पदार्थ के सूक्ष्म और अविभाज्य अंगों की संज्ञा दी। किंतु हम असफल रहे। यदि दुनिया इलेक्ट्रॉनों या उन जैसी चीज़ों से मिलकर बनी है तो निश्चय ही इन चीज़ों की गतिविधियाँ न्यूटन के कणों जैसी नहीं। ये इलेक्ट्रॉन आदि कभी-कभी तरंगों की भाँति और कभी-कभी कणों की भाँति व्यवहार करते हैं। एक ही क्षण उनका कोई निश्चित स्थान नहीं होता और न ही निश्चित गति होती है; और फिर उनकी अन्य विलक्षणताएँ भी होती हैं। और उदाहरण के लिए जब हम यह कहते हैं कि हम एक ही स्थान और गति ठीक-ठाक नहीं बता सकते तो इससे हमारा अभिप्राय केवल इसी सीमा से होता है, कि हम अलग-अलग कणों की प्राक्कलपनाएँ नहीं बना सकते और साथ ही उन्हें अपने समीकरणों में निश्चित स्थान और गति नहीं दे सकते।

इन कठिनाइयों का संबंध संपूर्ण रूप से कारण और प्रभाव की खोज से नहीं है। ये कठिनाइयाँ तो इसलिए आती हैं क्योंकि हम बड़े विश्वास के साथ यह बात मानते हैं कि सभी वैज्ञानिक घटनाओं को छोटे-छोटे अविभाज्य टुकड़ों में बाँटा जा सकता है और इनमें से प्रत्येक टुकड़ा कारणात्मक सिद्धांतों का पालन करता है। हम यह मानने लगे हैं कि कोई भी ऐसी घटना जो अपने पूर्ववर्ती घटनाओं का अनुसरण करती प्रतीत नहीं होती यह निश्चित रूप से ऐसा करेगी, यदि हम उसे छोटी-छोटी घटनाओं या पदार्थ के छोटे-छोटे टुकड़ों में बाँट दें ! यह विश्लेषण प्रक्रिया वास्तव में निश्चयवाद के हमारे विचार का आधार रही है। आप कोई ऐसा मॉडल तैयार नहीं कर सकते जो सूक्ष्म कणों या घटनाओं को मिलाकर बना हो और उसका प्रत्येक कण या उसकी प्रत्येक घटना निश्चित कारणात्मक कक्षों में घूमती हो। कारण और प्रभाव बड़ी-बड़ी क्रियाएँ हैं किंतु विश्लेषणात्मक प्रक्रिया अंत में एक ऐसे सिद्धांत को जन्म देती है जो भिन्न प्रकार का होता है और यह है कारण के स्थान पर संयोग का सिद्धांत।

चूँकि भौतिकी में यह विभाजन बिल्कुल स्पष्ट हो गया था इसलिए तर्कशास्त्र (Logic) के मूल सिद्धांतों में भी इस विभाजन को विचित्र रूप और अप्रत्याशित रूप से बहुत दूर तक दिखाया गया है। यह समस्या का एक ऐसा पक्ष है जिसे अभी वैज्ञानिक भी नहीं जानते क्योंकि इसका संबंध गणित के अत्यंत दूरवर्ती भाग—सभी गणितीय प्रणालियों की तर्कसंगत रचना के अध्ययन

से है। बीसवीं शताब्दी की चौथी दशाब्दी में यह स्पष्ट कर दिया गया था कि यूक्लिड (Euclid) के जैसे स्वयंतथ्यों की विशुद्ध अमूर्त प्रणाली (abstract system) में भी कुछ ऐसे पूर्ण रूप से युक्तिसंगत प्रश्न उठ खड़े होते हैं कि जिनका कोई उत्तर नहीं होता। कहने का अभिप्राय यह है कि इतनी ठोस, सुव्यवस्थित, तर्कसंगत और संपूर्ण रूप से निश्चित प्रणाली में भी ऐसे प्रमेय (theorems) बनाना संभव है जिन्हें न सच्चा सिद्ध किया जा सकता है न झूठा। यदि हम किसी ऐसी प्रणाली के विषय में सोचें जो समयानुसार अपने-आप काम करने लगे तो यह ऐसा कहने के समान हुआ कि क्या यह प्रणाली भविष्य में कुछ विशेष अवस्थाओं में पहुँच जाएगी। और इसका उत्तर है कि हम यह बात हमेशा नहीं बता सकते; बस फिर समस्या हल नहीं हो सकती। कुछ ऐसे प्रमेय हैं जो ठीक भी हो सकते हैं या ग़लत भी; और ऐसी अवस्थाएँ हैं जिन तक पहुँचा भी जा सकता है और नहीं भी; गणितज्ञ इन बातों का कभी भी निश्चय नहीं कर सकते और यह सब उस दुनिया की बात है जहाँ न कोई सूक्ष्मदर्शी है, न कोई पदार्थ है और न किसी प्रकार की अस्पष्टता। यह सब विशुद्ध तर्क की बात है। निश्चितता के क्षेत्र में वास्तव में यह भेद एक उल्लेखनीय उथल-पुथल है; और प्रयोग करने वाले वैज्ञानिकों को इसकी पेचीदगियों का धीरे-धीरे तब पता चलेगा जब उन्हें इस बात का ज्ञान होगा कि स्वयं तर्क के क्षेत्र में भी भूगर्भीय त्रुटि घुस आई है।

भौतिक और तर्क की दुनिया में हमने वास्तव में जो चीज़ होती देखी है, वह है हमारे बाहर की दुनिया के ऐसे साधारण मॉडल का विनाश, जिसे हम केवल देख सकते हैं। इससे यह पता चलता है कि जब आप ऐसा भेद करें तो भौतिकी के निकट तक तो पहुँच सकते हैं किंतु एक समय ऐसा भी आता है जब यह सन्निकटन समाप्त हो जाता है। खगोल-विद्या में जब ऐसा समय आया तो आइंस्टाइन के सिद्धांतों ने न्यूटन के सिद्धांतों का स्थान ले लिया। चूँकि सापेक्षता का सिद्धांत अनिवार्य रूप से उस दार्शनिक विश्लेषण से निकला है जिसके अनुसार वस्तुतः तथ्य और प्रेक्षक नाम की कोई चीज़ नहीं किंतु किसी भी प्रेक्षण के लिए ये दोनों आवश्यक हैं। भौतिकी की मूल इकाई है—वास्तविक प्रेक्षण। परमाणु-भौतिकी में अनिश्चितता के सिद्धांत से भी यही बात सिद्ध होती है कि घटना और प्रेक्षक अविभाज्य है। यही बात

तर्कशास्त्र में भी कही जाती है किंतु इतने अधिक शोर के साथ नहीं। वास्तव में जब गणित की एक ऐसी प्रणाली तैयार करने का कार्य आरम्भ हो चुका है जो अनिवार्य रूप से मन के उन अनिर्धारित तथा बहुसंयोजी अभिवृत्तियों पर आधारित है जिनसे हम प्रतिदिन अपने सांसारिक संबंधों को बनाए रखते हैं। विज्ञान की सभी धाराएँ इसी धारा में मिल जाती हैं, कि संसार के प्रति विश्लेषणात्मक और अवैयक्तिक दृष्टिकोण विफल हो रहा है। किसी समय यह जानना पर्याप्त था कि संसार स्थिर है और अलग है जबकि हम सूक्ष्म परीक्षण के लिए इसे बड़े परिश्रम से विभिन्न भागों में बाँटते हैं। किंतु यह तो एक ऐसी सरल-सी बात है जिसकी उपयोगिता अब समाप्त हो चुकी है। अब हम ऐसी स्थिति पर पहुँच गए हैं कि जहाँ संसार अपने-आप में एक हो चुका है और प्रेक्षक तथा तथ्य के बीच के अंतर को नहीं बनाए रखा जा सकता। इस संसार का आधार प्रेक्षण है। सभी कठिनाइयाँ चाहे वे बुध ग्रह के विषय में हो या कारणता के, दोनों का कारण ज्ञाता और ज्ञात का अंतर है। इन दोनों के मेल से ज्ञान बनता है।

ये हैं वे कष्टदायक नए विचार जो हमारे जीवनकाल में ही भौतिकी के संसार में घुस आए हैं, जो सुव्यवस्थित एवं सुनिश्चित प्रतीत होता था। यदि हम हिरोशिमा की घटना को सफलता कहें तो व्यावहारिक परिणामों की दृष्टि से ये विचार अभूतपूर्व ढंग से सफल रहे हैं। कार्यरूप में ये विचार सफल रहे हैं। किंतु सिद्धांत रूप में हमें अभी तक इन विचारों की संपूर्ण शक्ति का पता नहीं चला। इन विचारों से बहुत से ऐसे लोगों को सांत्वना मिली है जो इन्हें 'मुक्त इच्छा' के अपने विश्वास में सहायक मानते हैं, और इतने ही व्यक्ति इन विचारों से आश्चर्य चकित हो गए हैं क्योंकि ये विचार उनके सहज बोध पर आघात करते हैं। यह संसार बोधगम्य तो है किंतु साथ-ही-साथ सहज रूप से बोधगम्य भी। यह कोई थॉमस हार्डी के उपन्यास में से ली गई मूर्खता या ईर्ष्या का निराशापूर्ण षड्यंत्र नहीं है। हो सकता है कि मानवतावादी साहसी बन जाए; यह संसार सहज बोध से भरा पड़ा है, किंतु जो चीज़ हम संसार को देते हैं वह सहज बोध नहीं। सहज बोध वह है जो हम संसार में प्राप्त करते हैं।

संयोग का तत्त्व

मैंने विज्ञान को बार-बार भाषा कहा है। मुझे यह समानता इतनी सरल और सहायक प्रतीत होती है कि मुझे इस पुस्तक को विज्ञान और अंग्रेज़ी भाषा की तुलना से आरंभ करना बिल्कुल स्वाभाविक लगा। उदाहरण के लिए जब मैं प्रकाशिकी का ध्यान करता हूँ तो मैं इसको देखने और देखे जाने की क्रिया व्यक्त करने की भाषा समझता हूँ। भाषा के रूप में यह केवल इसी बात में असामान्य है कि यह अन्य विषयों से तत्परतापूर्वक दूर रहती है। उदाहरण के लिए यह वर्णान्धता के कारण होने वाली उलझन के बारे में कुछ नहीं कहती और आकांक्षा तथा विश्वास जैसे अधिक आकर्षक विषयों में नहीं पड़ती। प्रकाशिकी तो एक ऐसी भाषा है जिसमें देखने को देखना ही कहा जाता है और कुछ नहीं—यहाँ तक कि विश्वास करना भी नहीं।

पिछली शताब्दी के वैज्ञानिकों के मन में यह समानता बिल्कुल नहीं आ सकती थी, क्योंकि भाषा संसार की कुछ चुनी हुई बातों का वर्णन करने की संहिता के अतिरिक्त कुछ नहीं। निस्संदेह भाषा का उद्देश्य अन्य लोगों और वस्तुओं के साथ इस बात की व्यवस्था करना है कि हम इस संसार में कैसे काम करें। किंतु कार्य रूप में भाषा केवल वर्णन ही है जो तथ्यों का वर्णन करता है और उनकी व्यवस्था की नकल उतारता है। उन्नीसवीं शताब्दी ने इसे विज्ञान के बारे में अत्यंत विनम्र दृष्टिकोण समझा होगा। इस शताब्दी के सर्वोत्तम व्यक्ति तो विज्ञान को कार्य के मार्गदर्शक के रूप में मानते थे। किंतु उन्हें यह विश्वास था कि विज्ञान उन्हें उपयोगी ढंग से कार्य करने में सहायता देता है क्योंकि यह संसार का केवल वर्णन ही नहीं करता बल्कि उसकी व्याख्या भी करता है। व्याख्या से उनका अभिप्राय एक ऐसे मॉडल से था जो कारणों तथा प्रभावों की शृंखला में एक कड़ी से दूसरी कड़ी तक प्रकृति का ठीक-ठीक अनुकरण करता हो। उनके विचार में एक जीव ऊष्मा-इंजन, गैस बिलियर्ड की गेंदों और मस्तिष्क तारघर के समान है। उनका विश्वास था कि अंततः वैज्ञानिक विधि एक ही है, कारणों तथा प्रभावों की प्रणाली की स्थापना करना। यदि विज्ञान किसी चीज़ का वर्णन करता है तो वह प्रभावों द्वारा कारण का वर्णन करता है और यदि विज्ञान कोई भविष्यवाणी

करता है तो वह कारणों के आधार पर प्रभाव की पूर्वसूचना देता है।

मैंने काफ़ी विस्तार से यह बात कही है कि अब इस विश्वास को और अधिक बनाए नहीं रखा जा सकता। ठीक है। अब हमें हर चीज़ में कारण की खोज करना छोड़ देना है, किंतु उसके स्थान पर हम क्या रखेंगे। इसके उत्तर के लिए हमें फिर पीछे की ओर चलना होगा, जहाँ से हम चले थे और फिर उस बात को दोहराना होगा जिसे हम बार-बार नहीं कह सकते। विज्ञान का उद्देश्य एक क्रमबद्ध भाषा में संसार का इस प्रकार वर्णन करना है जिससे यदि संभव हो तो हम कार्य के उन वैकल्पिक तरीक़ों के परिणामों को पहले से जान सकें जिनमें से हम हमेशा चुनते हैं। हमारे वर्णन का क्रम पूर्ण रूप से हमारी सुविधा पर निर्भर करता है। हमारा उद्देश्य हमेशा भविष्यवाणी करना है। यदि हम कारण और प्रभाव के अनुसार कोई क्रम ढूँढ़ लें तो हमारे लिए निस्संदेह अत्यधिक सुविधा हो जाएगी क्योंकि हम आसानी से विकल्प चुन सकेंगे। ऐसा होना अनिवार्य नहीं।

विज्ञान और अपने दैनिक जीवन में हम जिस चीज़ की खोज कर रहे हैं, वह है—भविष्यवाणी की एक प्रणाली की अथवा किसी भविष्यवक्ता की। भविष्यवाणी में जो सिद्धांत हमारा मार्गदर्शन करते हैं वे अंततः गणना की क्रियाओं से अधिक कुछ नहीं और जीवन कोई परीक्षा तो है नहीं, हमें क्रियाओं के अंक नहीं मिलते, सबसे अधिक महत्त्व की बात तो ठीक उत्तर पाना है। अतः यह संभव है कि भविष्यवाणी की किसी प्रणाली के लिए ठीक उत्तर पाने के अतिरिक्त किसी अन्य सिद्धांत को आधार न बनाया जाए। पौधे तथा पशु ठीक ऐसा ही करते हैं। चमगादड़ अपने मार्ग की रुकावटों से बचने के लिए चिल्लाता है, जिसकी आवाज़ मेरे कानों तक नहीं पहुँच सकती। तब वह उसकी गूँज को सुनता है। गूंज को पूर्वसूचना में बदलने का चिमगादड़ का तरीक़ा चाहे कोई भी हो, वह उसने विकास द्वारा सीखा है और वह विकास यत्न और भूल द्वारा तय हुआ है। यही बात रेडार और अधिक युक्ति से करता है। फिर भी इसकी गणना की क्रियाएँ न तो चमगादड़ की क्रियाओं से अच्छी हैं और न ही बुरी। उदाहरण के लिए, चमगादड़ और विकास द्वारा काफ़ी पहले ही इस बात की खोज की जा चुकी थी कि नापने के लिए उत्तम तरंगदैर्ध्य (wawelength) सेंटीमीटर तरंगें हैं जिन्हें रेडार सेटों में भी काम

में लाया जाता है। गेंद पकड़ने वाला व्यक्ति, पतंग उड़ाने वाला बच्चा, या चूहे के बिल में मुँह देने वाली बिल्ली—सभी भविष्यवक्ता हैं। ये हमें इस बात को याद दिलाते हैं कि भविष्यवाणी और विज्ञान का उद्देश्य हमें लगभग ठीक समय पर लगभग ठीक काम कराना है।

2

निस्संदेह प्राकृतिक नियमों के कारणात्मक रूप के विषय में कोई ऐसी बात नहीं जिसे हम पवित्र कह सकें। हम इस रूप से भली-भाँति परिचित हैं और अब यह हमारा प्रतिमान बन गया है कि सभी प्राकृतिक नियम ऐसे ही होने चाहिए। हम ऐसा कहते हैं कि यदि आप एक स्थान में गैस भरें और फिर उस स्थान को घटा कर आधा कर दें जबकि शेष परिस्थितियाँ वैसी ही रहें तो दबाव दुगना हो जाएगा। यदि आप ऐसा-ऐसा करें तो उसका परिणाम वैसा-वैसा निकलेगा और वह हमेशा ऐसा ही होगा। अपनी पुरानी आदत से हम ऐसा अनुभव करते हैं कि यह 'हमेशा' शब्द है जो भविष्यवाणी को नियम में परिवर्तित कर देता है। किंतु ऐसा कोई कारण नहीं कि नियमों में हमेशा बिल्कुल ऐसा या बिल्कुल ऐसा नहीं वाली बात होनी चाहिए। मैंडल के अनुसार यदि आप विशुद्ध सफ़ेद मटरों और विशुद्ध गुलाबी मटरों के छोटे-छोटे मीठे दानों का संक्रमण करें तो तीसरी फसल में औसतन एक-चौथाई मटर सफ़ेद होंगे और तीन-चौथाई गुलाबी। अन्य नियमों की भाँति यह भी नियम ही है; यह आगे होने वाली वस्तु की मात्रा बताता है और यह नियम जो बात कहता है वह सत्य भी निकलती है। बार-बार ऐसी निश्चितता का प्रदर्शन न करने से जैसा कि गैसों के नियम करते हैं, इस नियम की मान्यता किसी प्रकार कम नहीं हो जाती। और वास्तव में निश्चितता भी तो ऐसे संयोगों के मिलने से ही आती है जिनका स्पष्टीकरण मैंडल का नियम करता है।

अब इस बात पर ध्यान देना ज़रूरी है। यदि मैं यह कहूँ कि किसी भी खुले सप्ताह के बाद 'हमेशा' रविवार को वर्षा होती है तो इसे एक नियम के रूप में मान्यता दे दी जाती है। किंतु यदि मैं यह कहूँ कि खुले सप्ताह के बाद रविवार को प्रायः वर्षा होती है तो इसे कुछ असंतोषजनक बात समझा

जाता है और तब यह समझ लिया जाता है कि मैं किसी अंतर्निहित नियम तक नहीं पहुँचा हूँ जो विज्ञान के प्रति हमारी 'हमेशा' या 'कभी नहीं' के स्वभाव के साथ मेल खा सके। यहाँ तक कि यदि मैं यह कहूँ कि खुले सप्ताह के बाद दस रविवारों में वर्षा होती है तो आप इसे सांख्यिकीय ही मानेंगे, किंतु इसे आप नियम के रूप में स्वीकार नहीं करेंगे। किसी-न-किसी प्रकार इसमें नियम के बल का अभाव प्रतीत होता है।

फिर भी यह केवल पूर्वाग्रह है। ऐसे नियम होना अच्छी बात है जो यह कहें कि तथ्यों के इस विन्यास (configuration) के बाद हमेशा ही दस में से दस बार एक घटना 'क' होगी। किंतु न ही तो रुचि की दृष्टि से और न ही सुविधा की दृष्टि से उस नियम का रूप उस नियम के रूप से अधिक अनिवार्य बन जाता है जो यह कहे कि तथ्यों को इस विन्यास के बाद दस में से सात बार 'क' घटना होगी और दस में से तीन बार 'ख' घटना होगी। रूप की दृष्टि से यह कारणात्मक नियम है और दूसरा सांख्यिकीय। किंतु विषय और प्रयोग की दृष्टि से एक को दूसरे से अधिक पसंद करने का कोई कारण नहीं। विज्ञान के नियमों के कार्य हैं—सच्चा होना और सहायक होना ; संभवतः इन दोनों में से एक-दूसरे का समावेश होता है। यदि सांख्यिकीय नियम दोनों कार्य पूरे करता है तो यही हमारा काम निकाल देता है। हम अपने-आपको यह समझा सकते हैं कि बौद्धिक दृष्टि से यह कारणात्मक नियम से कम संतोषजनक है और इससे हमें यह अनुभूति नहीं होती कि हम प्रकृति की प्रक्रिया को समझ रहे हैं। किंतु यह तो हमारे स्वभाव का भ्रम है। गुरुत्त्वाकर्षण के नियम से आज तक जितने अधिक लोग संतुष्ट हुए हैं उतने किसी अन्य नियम से नहीं हुए। फिर भी हमने यह देखा कि इस नियम ने प्रकृति के कार्य की जो व्यवस्था की वह ग़लत थी और हमें जो ज्ञान हुआ वह भ्रांति था। वास्तव में इसने जो किया और अत्यंत सुंदर ढंग से किया, वह था—आकाशीय पिंडों के बारे में लगभग ठीक-ठीक पूर्व सूचना देना।

3

किंतु प्रत्येक ऐसे नियम की, जिसमें 'हमेशा' का शब्द नहीं होता, एक न एक परिसीमा होती है। जब मैं साफ़ तौर से यह कहता हूँ कि तथ्यों के किसी

विन्यास के बाद कभी-कभी घटना 'क' होगी और कभी-कभी 'ख', तो मुझे यह विश्वास नहीं होता कि अगली बारी 'क' की होगी या 'ख' की। भले ही मैं यह जानता हूँ कि दस में से 'क' सात बार होगा और 'ख' तीन बार; किंतु इससे मुझे इस बात का पता नहीं चलता कि अगली बार मेरी दृष्टि जिस घटना पर है वह कौन-सी होगी। मैंडल का नियम तब तक ठीक है जब तक आप एक एकड़ भूमि में मीठे मटर उगायें; किंतु यह नियम आपको यह नहीं बताता और बता भी नहीं सकता कि आपकी खिड़की के आगे बोए गए मटरों की दूसरी फ़सल में कितने सफ़ेद होंगे और कितने गुलाबी। स्वयं मैंडल के सामने भी यही कठिनाई आई थी, क्योंकि उसे अपने प्रयोग एक आश्रम के छोटे से बाग में करने पड़ते थे।

अब तक तो यह बात काफ़ी स्पष्ट है। यह ठीक है कि यदि हमें इस बात का निश्चित रूप से पता हो कि अगली बार ठीक-ठीक क्या होने वाला है तो हम सांख्यिकीय नियम नहीं बनाएँगे, बल्कि हमें ऐसा नियम उपलब्ध होगा जिसमें हम 'हमेशा' शब्द जोड़ सकें। किंतु इस परिसीमा के साथ एक परोक्ष परिसीमा भी है। यदि हमें यह निश्चित रूप से पता न हो कि अगली बारी 'क' की होगी या 'ख' की, तो फिर हम यह बात भी निश्चयपूर्वक नहीं कह सकते कि उससे अगली बारी किसकी होगी। हम यह जानते हैं कि सात बार 'क' होगा और तीन बार 'ख'। वास्तव में 'क' और 'ख' को इस प्रकार अनियिमित रूप से लिखना संभव नहीं जिससे यदि हम अपनी इच्छानुसार दस अक्षरों की कोई कड़ी कहीं से भी उठाएँ तो उसमें सात अक्षर एक के हों और तीन दूसरे के। और निस्संदेह उनको इस प्रकार लिखना तो बिल्कुल असंभव है कि यदि कहीं से भी दस अक्षर उठा लिये जाएँ तो उनमें सात अक्षर 'क' निकलें।

तब मेरी इस बात से क्या अभिप्राय है कि 'क' की प्रत्येक सात बारियों के पश्चात् 'ख' की तीन बारियाँ होंगी। मेरे कहने का अभिप्राय यह है कि किसी भी विस्तृत क्रम में से यदि हम अपनी इच्छानुसार दस-दस के कई सेट चुन लें तो उनमें से अधिकतम सेटों में सात-सात 'क' होंगे और तीन-तीन 'ख'। इसी बात को हम दूसरी तरह भी कह सकते हैं कि यदि हम भारी संख्या में परीक्षण करें तो 'क' और 'ख' का अनुपात सात और तीन का होगा।

किंतु परीक्षणों का कोई भी क्रम चाहे वह कितना भी विस्तृत क्यों न हो निश्चित रूप से काफ़ी बड़ा नहीं होता। परीक्षणों के किसी भी क्रम में हम निश्चयपूर्वक सात और तीन के ठीक-ठीक अनुपात तक नहीं पहुँच सकते।

तब मैं यह कैसे जानता हूँ कि नियम वास्तव में सात 'क' और तीन 'ख' का है ? मेरा यह कहने से क्या अभिप्राय है कि किसी लम्बे परीक्षण में यह अनुपात इस सीमा तक पहुँचता है जबकि मुझे इस बात का कभी भी पता नहीं होता कि परीक्षण काफ़ी विस्तृत है या नहीं ? इसके अतिरिक्त जब मैं यह जानता हूँ कि ठीक उसी समय जब हम ठीक-ठीक इस अनुपात पर पहुँचते हैं तो अगला एक ही परीक्षण इस अनुपात को भंग कर देगा—क्योंकि यह परीक्षण श्रृंखला में या तो पूरा 'क' जोड़ेगा या पूरा 'ख' और ऐसा हो नहीं सकता कि यह दस में से सात भाग तो एक के जोड़े और तीन दूसरे के। मेरा अभिप्राय यह है कि दस परीक्षणों के बाद, हो सकता है आठ बारी 'क' की हों और 'ख' की केवल दो ही, यह बिल्कुल असम्भव भी नहीं। यह भी बहुत असम्भव नहीं कि दस बार ही 'क' हो। किंतु यह असम्भव है कि सौ परीक्षणों के पश्चात् अस्सी बार 'क' आए। यह और भी असंभव है कि एक हज़ार परीक्षणों के बाद आठ सौ बार 'क' आए; वास्तव में वह बिल्कुल असम्भव है कि ऐसी स्थिति में 'क' और 'ख' के सात और तीन के अनुपात में पाँच प्रतिशत से अधिक परिवर्तन हो। और यदि एक लाख परीक्षणों के पश्चात् हम एक ऐसे अनुपात पर पहुँचें जिसमें हमारे नियम से एक प्रतिशत का भी अंतर हो तो निश्चित ही हम इस नतीजे पर पहुँचेंगे कि हमारे नियम में अवश्य कोई-न-कोई त्रुटि है।

इस संबंध में मैं आपको व्यावहारिक उदाहरण देता हूँ। अठारहवीं शताब्दी के विश्वकोशकारों (encyclopedists) में से एक महान् प्रकृतिवादी बुफ़ान (Buffon) की कई विषयों में रुचि थी। भू-गर्भ विज्ञान तथा क्रम-विकास में रुचि लेने के कारण उसका सॉरबोन (Sorbonne) के साथ झगड़ा हो गया जिससे उसने अपने विश्वास को, कि जैनेसिस से अब तक पृथ्वी में परिवर्तन आं चुका है, विधिवत् बदल लिया। संयोग के नियमों में उसकी रुचि कम ख़तरनाक थी, किंतु इससे उसे एक दिलचस्प प्रश्न पूछने की प्रेरणा मिली। यदि किसी लकीरदार काग़ज़ पर अचानक ही उतनी दूरी से एक सुई फेंकी

जाए जितनी उस सुई की लंबाई हो, तो वह कितनी बार किसी लकीर पर गिरेगी और कितनी बार ख़ाली स्थान पर ? इसका उत्तर कुछ अजीब-सा है—इसे तीन में से दो से कुछ कम बार किसी रेखा पर गिरना चाहिए—संक्षिप्त में, इसे π में से दो बार किसी रेखा पर गिरना चाहिए जबकि π किसी वृत्त की परिधि और उसके व्यास का सुविदित अनुपात है जिसका मूल्य 3.14159265. ...है। वास्तव में हम इस उत्तर के कितना निकट पहुँच सकते हैं ? निस्सन्देह, यह इस बात पर निर्भर करती है कि हम कितनी सावधानी से रेखाएँ खींचते हैं और कितनी सावधानी से सुई फेंकते हैं; किंतु इसके पश्चात् यह केवल हमारे धैर्य पर निर्भर करता है। 1901 में एक इतालवी गणितज्ञ ने बड़े ध्यानपूर्वक 3,000 से अधिक बार सुई फेंक कर अपने धैर्य का परिचय दिया था। उसने π का जो मूल्य निकाला वह दशमलव के छठे अंक तक सही था जिसमें भूल एक प्रतिशत का केवल हजारवाँ भाग थी।

4

यह है एक तरीक़ा जिसकी ओर आधुनिक विज्ञान बढ़ रहा है। यह यथासंभव आश्वासन के साथ पूर्वसूचना देने के सिद्धांत के अतिरिक्त किसी सिद्धांत का पालन नहीं करता; किंतु यह आश्वासन उतना ही होता है जितना कि संभव हो, उससे अधिक नहीं। अर्थात् विज्ञान आरंभ से ही भविष्य को आदर्श रूप में मान लेता है, किंतु पूर्ण रूप से निश्चित नहीं बल्कि अनिश्चितता के निर्धारित क्षेत्र के अंदर निश्चित रूप में। इस संबंध में मैं अनिश्चितता का एक उदाहरण प्रस्तुत करता हूँ। हम इतना तो जानते ही हैं कि नीली आँखों वाले माता-पिता के बच्चों की आँखें नीली होंगी; इस संबंध में कम-से-कम अभी तक कोई अपवाद नहीं दिखाई पड़ा। इसके विपरीत हम यह निश्चित रूप से नहीं कह सकते कि भूरी आँखों वाले माता-पिता के बच्चों की आँखें भूरी होंगी। हम यह तब भी निश्चित रूप से नहीं कह सकते जब उनके दस बच्चों की आँखें भूरी ही हों। इसका कारण यह है कि हम इस प्रकार के भाग्य पर भरोसा नहीं कर सकते जैसा एक बार डॉ. जॉन्सन ने अपने एक घोड़े पालने वाले मित्र को बतलाया था। डॉ. जॉन्सन ने कहा "उसके पास सोलह बछेड़ियाँ हैं किंतु एक भी बछेड़ा नहीं जो अनुमान से परे के संयोग की बात है।"

किंतु ऐसी अवस्थाओं से बचने के लिए हम असंगतियों का हिसाब लगा सकते हैं, यह बात इतनी कठिन नहीं जितनी जॉन्सन ने सोची थी। और इससे हम उस संभावना का पता लगा सकते हैं कि अगले बच्चे की आँखें भूरी होंगी। अर्थात् हम ऐसी भविष्यवाणी कर सकते हैं जिससे हमारी अनिश्चितता का ठीक-ठीक पता चलता हो। विचित्र बात यह है कि स्वयं मैंडल के कार्य के वर्णन में भी यही दोष है। उसने वास्तव में यह बात पहले से ही सोच ली थी कि यदि किसी दंपत्ति के भूरी आँखों वाले दस बच्चे हों तो उनका और ऐसा बच्चा होने की कोई संभावना नहीं जिसकी आँखें नीली हों। किंतु वास्तव में बात ऐसी नहीं थी।

अनिश्चितता का दायरा और भी तेज़ी से कम हो जाता है यदि हम एक ही परिवार के विषय में नहीं बल्कि कई परिवारों के विषय में भविष्यवाणी करें। मैं यह नहीं जानता कि अमुक-अमुक दंपत्ति के अगले वर्ष बच्चा होगा या नहीं; मैं यह भी नहीं जानता मेरे यहाँ भी बच्चा होगा या नहीं। किंतु यह अनुमान लगाना कि कुल जनसंख्या में कितने बच्चे होंगे और इस प्रकार अपने अनुमान में अनिश्चितता के तत्त्व को कम करना सरल है। कौन से प्रेरक हैं जो विवाह के कारण बनते हैं, किन छोटी-छोटी बातों के फलस्वरूप कार चकनाचूर हो जाती है, आज सूर्य निकलेगा या नहीं अथवा कल मुर्ग़ी अंडा देगी या नहीं—ये सब बातें स्थानीय हैं, निजी हैं और इनका हिसाब नहीं लगाया जा सकता। फिर भी जैसा केंट (Kant) ने बहुत समय पहले कहा था कि किसी भी देश में इन सब बातों का वर्ष भर का जोड़ असाधारण रूप से बराबर रहता है; और यहाँ तक कि अनिश्चितताओं की सीमाओं के बारे में भी पहले से बताया जा सकता है।

आधुनिक विज्ञान का यह क्रांतिकारी विचार है। यह विचार अनिवार्य 'परिणाम' के स्थान पर 'संभाव्य प्रवृत्ति' के विचार की स्थापना करता है। इसका तरीक़ा यह है कि जहाँ तक संभव हो, निश्चल प्रवृत्ति को स्थानीय उतार-चढ़ावों से अलग कर लिया जाए। भूत में इस प्रवृत्ति में जितने कम उतार-चढ़ाव हुए होंगे उतने ही अधिक विश्वास के साथ हम भविष्य की प्रवृत्ति की ओर देख सकेंगे। हम किसी कारण को नहीं निकाल रहे। हम प्रकृति की संपूर्ण रचना में एक व्यवस्था को खोज रहे हैं। हम उन अनिश्चितताओं से

भी परिचित हैं जो वह बड़ी एवं लचकीली रचना हमारी व्यवस्था में प्रवृत्त करती है। किंतु संसार को स्वयं इससे अलग नहीं किया जा सकता—संसार ही तो अनिश्चितता है। भविष्य हमारे सम्मुख विद्यमान नहीं, इसके विषय में तो केवल पूर्वसूचना ही हो सकती है, हमें भविष्य के मार्ग-स्थलों का पता लगाने और अनिश्चितता के क्षेत्रों में से अमुक-अमुक को न्यूनाधिक सम्भाव्यता प्रदान करने तक संतोष कर लेना चाहिए।

संयोग के संबंध में वर्तमान विज्ञान के ये विचार हैं। ये नए विचार हैं—ये संयोग को एक प्रकार का क्रम प्रदान करते हैं। जीवन की वास्तविकता की तरह संयोग का पुनर्निर्माण किया जाता है। विज्ञान में ये विचार अनेक सूत्रों से आए हैं। इनमें से कुछ विचारों की खोज पुनर्जागरण युग के दलालों ने की; कुछ की सत्रहवीं शताब्दी के जुआरियों ने; कुछ की गणितज्ञों ने जो निशाने की ग़लतियों में रुचि रखते थे और जिनकी रुचि गैसों के प्रवाह या अभी-अभी रेडियोधर्मिता में थी। इनमें पिछले पचास वर्ष से कुछ अधिक समय में सबसे लाभदायक खोज जीव-विज्ञान में हुई। मुझे इस बात पर ज़ोर देने की आवश्यकता नहीं कि पिछले कुछ वर्षों में ये विचार, जैसे भौतिकी में, कितने सफल हुए—नागासाकी इसका ज्वलंत प्रमाण है। किंतु विज्ञान से बाहर हमने इन आविष्कारों का महत्त्व समझने का अभी प्रयास नहीं किया है। उदाहरण के तौर पर इन आविष्कारों से यह बात स्पष्ट हो जाती है कि स्वतंत्र इच्छाशक्ति या नियतत्त्ववाद (Determinism) केवल इतिहास की भ्रांतियाँ हैं। इतिहास का क्रम न ही नियत है और न ही अनियत। किसी भी समय यह उस क्षेत्र में पहुँच जाता है जिसके बारे में इसे सामान्य जानकारी तो होती है किंतु जिसकी सीमाएँ अनिश्चित होती हैं और जिनका हिसाब नहीं लगाया जा सकता। समाज गैस के प्रवाह की भाँति दबाव के नीचे आगे बढ़ता है; और आम तौर पर समाज के व्यक्ति उसके दबाव का पालन करते हैं; किंतु किसी भी समय कोई भी व्यक्ति गैस के परमाणु की भाँति प्रवाह के साथ-साथ या उसके विरुद्ध जा सकता है। इस प्रकार एक ओर तो इच्छाशक्ति होती है और दूसरी ओर दबाव, जो इन सीमाओं के अंदर-अंदर अपना कार्य करते हैं। जहाँ तक इन विचारों का संबंध है, संयोग की धारणा में पुरानी शुष्क लक्ष्यहीनता नहीं रही, अब इसमें नया गांभीर्य और शक्ति आ गई है; यह सजीव हो गई है। इनमें

से कुछ विचारों ने कला पर प्रभाव डालना शुरू कर दिया है और ये हमें फ्रांस के युवक लेखकों के उपन्यासों में गोल-मोल रूप में मिलते हैं। कुछ समय पश्चात् ये विचार हमारे साहित्य को उस निराशा से मुक्त कराएँगे जो हमारी विभाजित निष्ठाओं के कारण होती हैं; एक ओर मशीनों के प्रति हमारी श्रद्धा और इसके विपरीत व्यक्तित्व के प्रति आध्यान (nostalgia)। मैं अभी काफ़ी जवान हूँ और मुझे विश्वास है कि संयोग और भाग्य का यह मेल हमें नए आशावाद की ओर ले जाएगा।

5

मैं इस बात को ज़रा और स्पष्ट करता हूँ। पिछली शताब्दी के शास्त्री विज्ञानों में यह मान लिया गया था कि रेडियोधर्मिता या किसी रक्त-वर्ग की वंशागति या तंत्रिका का ह्रास या अभाव के समय मूल्यों में वृद्धि जैसी प्रत्येक क्रिया कई प्रभावों का परिणाम होती है; और धीरे-धीरे इन प्रभावों को अलग-अलग किया जा सकता है और इस प्रकार प्रत्येक क्रिया के सभी कारणों का पता लगाया जा सकता है। प्रत्येक मामलों में जो कुछ भी इस समय हो रहा था, उसे प्रयोगशाला का प्रयोग माना जा सकता था। इसे संसार की उन घटनाओं से पृथक् किया जा सकता था जिनका इससे कोई संबंध नहीं होता था और जो प्रयोगशाला के क्षेत्र में बाहर की होती थीं। प्रयोगशाला के भीतर कारणों की ठीक उसी प्रकार एक-एक करके जाँच की जा सकती थी जिस प्रकार हम इस बात का अध्ययन करते हैं कि जब तापमान समान रहे और दबाव घटता-बढ़ता रहे तो गैस की मात्रा में किस प्रकार परिवर्तन हो जाता है या जब तापमान घटता-बढ़ता रहे और दबाव समान हो तो फिर गैस के परिमाण में किस प्रकार परिवर्तन होता है।

किंतु अन्य संसार से और स्वयं पर्यवेक्षक से पृथक् क्रिया का यह चित्र झूठा ही निकलता है। एक समय ऐसा भी आता है जब यह क्रिया किसी सन्निकटन के रूप में भी ठीक नहीं बैठती। तब यह पता चलता है कि समय और अवकाश को, जिसे न्यूटन ने निरपेक्ष माना था, पर्यवेक्षक के बिना कोई भौतिक अर्थ नहीं प्रदान किया जा सकता। कोई भी प्रयोगशाला किसी रिक्त स्थान में नहीं रह सकती और न ही किसी प्रयोग को एक डिब्बे में बंद किया

जा सकता है। जैसे-जैसे मापने के हमारे तरीक़ों में सुधार होता जाता है वैसे-वैसे पर्यवेक्षक की सीमाएँ बढ़ती हुई प्रतीत होती हैं। जिस द्रव्य की सतह सूक्ष्मदर्शी द्वारा देखी जाती है वह लेंस तब तक हिलता-जुलता और काँपता हुआ प्रतीत होता है जब तक कि हम उसके अणुओं की ब्राऊनीयन (Brownian) गति नहीं देख लेते। गैस के प्रवाह के अंतर्गत इसके कणों की निरंतर चाँदमारी होती रहती है। डायल की सुई को दस लाख गुना बढ़ा दीजिए, और फिर देखिए कि आपका यंत्र कुछ भी नहीं बता पाता क्योंकि गैस के परमाणुओं की प्रचंड गति सुई को प्रत्येक क्षण बदलती रहती है। प्रायोगिक त्रुटियाँ संसार की वस्तुस्थिति में गुँथी हुई हैं।

और जब प्रयोगशाला में यह सब कुछ हो रहा था तो निस्संदेह प्रयोगशाला के बाहर प्रकृति और समाज में इससे लाख गुना अधिक उदाहरण इकट्ठे हो रहे थे। पौधे और जीवित शरीर, भूकंप तथा मौसम, जीव-समाज और मानवीय कार्यशाला की प्रत्येक वस्तु और टिकट फीते पर लिखे मूल्य, नपे-तुले प्रयोग के नियंत्रण से परे की बातें हैं। इतिहास में एक ऐसा क्षण आया था जो काल्पनिक होते हुए भी कम महत्त्वपूर्ण न था जब लीनिंग टॉवर से गिरने वाले बट्टों ने सितारों का रहस्य खोलने की कुंजी का काम किया। तब से प्रयोगशाला के मूक कार्यकर्त्ता का यह विश्वास रहा है कि उसकी छोटी सी प्रयोगशाला में सूर्य का धब्बा-चक्र और भविष्य में फैलने वाली प्लेग और वॉल-स्ट्रीट के मूल्यों में भारी गिरावट का पता चल जाएगा। उसके विचार में संसार एक मशीन है और वह न्यून की सफलता को फिर दोहराएगा अर्थात् वह ऐसा मॉडल तैयार करेगा जो एक-एक क्षण विधि के अनुकूल कार्य करेगा। एडम स्मिथ और जर्मी बेन्थम और मिल, हर्टिले और मेस्मर और फ्रायड, ज़ोला और प्राउस्ट और थ्योडारे ड्रीज़र–प्रत्येक ने अपने ढंग के अनुसार इस आशा में जीवन भर कार्य किया।

किंतु संसार में कुछ ऐसे भी व्यक्ति थे जिनके सामने विशेष प्रकार की ऐसी समस्याएँ थीं जिनके हल के लिए वे तीन शताब्दियों तक प्रतीक्षा नहीं कर सकते थे। ऐसी समस्याएँ हमेशा महत्त्वपूर्ण वैज्ञानिक समस्याएँ नहीं थीं। पास्कल और यूलर के जुआरी मित्र उतावले व्यक्ति थे। फ्लोरेंस, एम्स्टर्डम और लंदन के बीमा-दलालों को सिद्धांतों की कोई चिंता नहीं थीं, उन्हें तो

आनुभविक परिणामों की आवश्यकता थी और फिर सबसे दिलचस्प बात यह कि पिछली शताब्दी के अंत में फ्रांसिस गाल्टन और बाद में कार्ल पीयर्सन ने मानवीय लक्षणों अर्थात् आकार और वज़न, रूप और विकास पर ध्यान देना शुरू कर दिया। उन्होंने लाम्ब्रासी के आपराधिक क़िस्मों के सिद्धांत जैसे सुव्यवस्थित सिद्धांतों का प्रतिपादन नहीं किया। वे तो मेंडल के वंशानुक्रम के सिद्धांत को अत्यंत संदेहात्मक दृष्टि से देखते थे। वस्तुतः उन्होंने फिर से लाप्लास और गास जैसे व्यक्तियों के कार्यों का अध्ययन किया जिन्होंने सर्वप्रथम इस बात पर विचार किया था कि खगोल-विज्ञान संबंधी प्रेक्षणों में भी किन-किन त्रुटियों को अनिवार्य समझना चाहिए। इस प्रकार उन्होंने किसी जनसंख्या में लक्षणों के सांयोगिक वितरण के मत का प्रतिपादन किया। और उन्हीं के कार्य से सांख्यिकीय असमानताओं के संपूर्ण सिद्धांत का विकास हुआ है जो मेरे विचार में भविष्य में विज्ञान का आधार है।

इस संबंध में मैं अपने निजी अनुभव से एक उदाहरण देता हूँ। 1945 में मैं जापान गया था। मुझे जापानी भाषा नहीं आती थी। इसलिए मेरे दल के साथ कई ऐसे जापानी युवक भेजे गए जिनका पालन-पोषण अमेरिका में हुआ था। जब हम चलने लगे तो मुझे ऐसा लगा कि वे हमारे दल के श्वेत अमरीकी सदस्यों से औसतन छोटे थे। किंतु जब हम जापान पहुँचे तो यह बात मुझे बहुत ज़ोर से महसूस हुई कि जो जापानी हमारे साथ थे, वे जापान के मूल निवासियों से लंबे थे। प्रकृति और समाज की ये दो ऐसी असमानताएँ थीं जिनके संबंध में प्रयोगशाला में प्रयोग नहीं किया जा सकता था। न ही ये अपरिवर्तनीय असमानताएँ थीं। यद्यपि सामान्यतः श्वेत अमरीकी जापानी अमरीकियों से लंबे थे और ये जापान के मूल निवासियों से लंबे थे फिर भी प्रत्येक वर्ग में कुछ ऐसे व्यक्ति थे जो अन्य वर्गों के व्यक्तियों के समान थे। वास्तव में मैंने जो सबसे छोटा व्यक्ति देखा था वह श्वेत अमरीकी था। मैंने एक लंबा जापानी अमरीकी भी देखा था। फिर भी मैं दो व्यक्तिगत परिकल्पनाएँ बनाने के लिए तैयार हो गया—जापानी आनुवंशिकता से ही अमरीकियों से छोटे होते हैं और अमेरिका में पले जापानी जापान में पले जापानियों की अपेक्षा लंबे होते हैं क्योंकि संभवतः अमेरिका में उन्हें भिन्न प्रकार का भोजन और भिन्न प्रकार का वातावरण मिलता है।

हम ऐसी परिकल्पनाओं की जाँच कैसे करते हैं ? यह ऐसी ही समस्या है जैसी समस्याओं का समाधान पीयर्सन ने किया था। इस समस्या के हल का श्रेय उसे और एक शराब बनाने वाले को है जिसकी रुचि सांख्यिकी में थी और जो अपने आपको विद्यार्थी कहता था। पहले हम तीनों किस्मों से प्रत्येक का औसत निकालते हैं, और साथ ही प्रत्येक वर्ग के व्यक्तियों से, उस दल के औसत के आसपास उस घट-बढ़ का हिसाब लगाते हैं जिसका उस वर्ग से पता चलता है। चूँकि हालात के कारण हम प्रत्येक वर्ग के केवल कुछ ही सदस्यों का निरीक्षण करते हैं, इसलिए न ही हमारी औसत और न ही विविधता के हमारे मापदंड त्रुटियों से मुक्त हो सकते हैं। किंतु प्रत्येक मामले में विविधता से हमें इस बात का पता चल जाता है कि इन औसतों का हिसाब लगाने में हम बड़ी-से-बड़ी कितनी भूल करेंगे। अर्थात् हम जो भी औसत निकालते हैं उसमें कुछ अनिश्चितता का अंश जोड़ देते हैं। यदि इन अनिश्चितताओं के क्षेत्र एक-दूसरे को अतिव्याप्त नहीं करते तो हम कुछ विश्वास के साथ कह सकते हैं कि मेरी परिकल्पनाएँ न्यायसंगत थीं किंतु यदि दो क्षेत्र परस्पर अतिव्याप्त करते हैं तो हम विश्वासपूर्ण यह नहीं कह सकते कि दोनों औसतों का अंतर, जिसके अनुसार उनका हिसाब लगाया गया है, वास्तविक है, या नहीं। हम इन दोनों वर्गों में सुव्यवस्थित अंतर स्थापित करने में सफल नहीं हुए क्योंकि प्रत्येक वर्ग की घट-बढ़ जैसी कि हमने देखी है, इतनी अधिक है कि वह संभव अंतरों को नहीं ढक सकती।

6

सांख्यिकीय पद्धति का यह अनिवार्य तत्त्व है। इसके कई प्रयोग हैं और प्रयोग के ब्यौरे में वे एक दूसरे से अलग हैं। किंतु इनका अंतर्निहित विचार एक ही है। अनिवार्यतः यह विचार किसी लक्षण को जानने की असीमित परिशुद्धता पर निर्भर नहीं करता बल्कि एक से दूसरे व्यक्ति में निहित उस विभिन्नता की किसी मापदंड द्वारा परिशुद्धता की जाँच करने पर निर्भर है जिससे हम बच नहीं सकते। हम किसी प्रवृत्ति या सुव्यवस्थित अंतर को खोजते हैं परंतु इस प्रवृत्ति का मार्ग अनियमित संयोग या यादृच्छिक घट-बढ़ से स्वयं ही धुँधला पड़ जाएगा। हम इस यादृच्छिक दुर्लेख से पीछा नहीं छुड़ा सकते किंतु इससे

हम यादृच्छिक विभिन्नता का पता लगा सकते हैं और उसे उपर्युक्त प्रवृत्ति के चारों ओर अनिश्चितता का दायरा खींचने के काम ले सकते हैं। यदि अनिश्चितता का क्षेत्र हमारे मान्य मानकों के अनुसार काफ़ी व्यापक है और उसकी सीमाएँ दूर-दूर तक हैं तब हम कोई प्रवृत्ति निर्धारित नहीं कर पाए। हो सकता है कि कोई प्रवृत्ति विद्यमान हो किंतु इन प्रेक्षणों में यह यादृच्छिक घट-बढ़ में दब गई है।

इस संबंध में मैं आपको एक और उदाहरण देता हूँ। हम यह मानते हैं कि क्षयरोग के उपचार में स्ट्रेप्टोमाइसीन गुणकारी है। हमारा यह विश्वास प्रयोग पर आधारित है। किंतु प्रत्येक प्रयोग में, रोगियों के रोग की अवस्थाएँ अलग-अलग होती हैं; उन्हें निश्चित रूप से अलग-अलग ख़ुराकें मिलती हैं और उन पर अलग-अलग प्रभाव पड़ता है, इस प्रकार सामूहिक परिणाम पर अनिवार्य विविधता छाई रहती है। क्या हम ऐसे अनिश्चित क्षेत्र से निश्चित परिणाम निकाल सकते हैं ? अवश्य। यदि हम अपना सांख्यिकीय तकनीक ध्यान से चुनें। उदाहरण के लिए मान लीजिए कि हम उपचार के दौरान समय-समय पर प्रत्येक रोगी के स्वास्थ्य का हिसाब-किताब लें तो हम इस परिकल्पना की जाँच कर सकते हैं कि सामान्यतः जैसे-जैसे उपचार होता जाता है वैसे-वैसे रोगी ठीक हो जाते हैं। पहला काम प्रत्येक महीने के उपचार के पश्चात् सीधे ही औसत लेकर प्रत्येक महीने में रोगियों की दशा में सुधार की औसत निकालना है। इससे हम अपने ग्राफ़ में सुधार की रेखा खींच सकते हैं। रोगी इस समय भी ग्राफ़ की इस रेखा के दोनों ओर दूर-दूर तक फैले हुए हैं। किंतु हम सुधार की इस रेखा के गिर्द रोगियों के प्रसार या यादृच्छिक विविधता का पता लगा सकते हैं और जब हम सुव्यवस्थित प्रवृत्ति या रेखा को छोड़ दें तब इससे हम समस्त परिणामों के प्रसार की तुलना कर सकते हैं। और इसी से हम यह जाँच कर सकेंगे कि सुधार की यह रेखा वास्तविक प्रभाव की द्योतक है या नहीं। जब हम अपनी रेखा के दोनों ओर प्रसार की इस रेखा से तुलना करते हैं तो हमें इस बात का पता चलता है कि कुल प्रसार में कितनी कमी हुई है। यदि सांख्यिकी के मान्य मानकों के अनुसार यह कमी काफ़ी हो तब हम यह कहते हैं कि उपचार का प्रभाव अर्थपूर्ण है; फिर हम इसे उल्लेखनीय उपचार कहते हैं। अपने आपको पूरा-पूरा विश्वास

दिलाने के लिए कि उपचार करने वाली वास्तविक चीज़ स्ट्रेप्टोमाइसीन ही है, हमें और भी अधिक विश्लेषण की आवश्यकता होगी। परंतु यदि यह परिकल्पना कि उपचार के साथ एक प्रवृत्ति है—रोगियों की अवस्था में यादृच्छिक प्रसार को कम नहीं करती, तो हमें यह मानना चाहिए कि हम किसी प्रभाव को बिल्कुल सिद्ध नहीं कर सके हैं और हम किसी विशिष्ट परिणाम तक नहीं पहुँचे हैं। सोचने में यह मार्ग बिल्कुल साधारण है। वास्तव में यह मार्ग उस क्रिया को, जिसके सैकड़ों उदाहरण हम अपने चारों ओर देखते हैं, दो भागों में बाँटता है। मैं इनको सुव्यवस्थित और यादृच्छिक, अथवा प्रवृत्ति और घट-बढ़, अथवा प्रयोग और संयोग की संज्ञा देता हूँ। किंतु इन सब नामों के पीछे, निश्चित रूप से एक ही धारणा है : हम प्रभाव को केवल विशुद्धता की किसी सीमा तक ही माप सकते हैं। यह निश्चय करने के लिए कि क्या यह प्रभाव वास्तविक है, हमें इसकी अनिश्चितता के क्षेत्र को यथासंभव ठीक-ठीक जानना होगा। हमें प्रभाव की त्रुटि की उस सीमा तक जाँच करनी होती है जहाँ तक हमारे अनुमानों में ग़लती हो सकती है। यदि प्रभाव में स्पष्ट रूप से कोई ग़लती न हो तो हमारा परिणाम महत्त्वपूर्ण होता है। हम एक निश्चित प्रभाव तक पहुँच गए हैं और यद्यपि इसकी अनिवार्य त्रुटि में अनिश्चितता का अंश है। फिर भी हम अपने परिणामों की इस थोड़ी सी सीमा को ध्यान में रखते हुए या कुछ उदारता के साथ काम में ला सकते हैं। किंतु जाँचने में निहित त्रुटियों की तुलना में यदि यह प्रभाव काफ़ी बड़ा नहीं निकलता तो हम इसे महत्त्वपूर्ण नहीं कह सकते। संभव है कि उक्त प्रभाव विद्यमान हो परंतु इसकी अनिश्चितता की सीमा इतनी व्यापक है कि उससे कोई लाभ नहीं । ऐसी अवस्था में हमारे लिए एक ही मार्ग रह जाता है कि हम और अधिक प्रयोग करें क्योंकि प्रत्येक प्रयोग से अनिश्चितता का क्षेत्र कम होता जाता है।

संयोग के विचार को जिस प्रकार मैंने यहाँ स्पष्ट किया है, उसे समझना कठिन नहीं। किंतु यह नया है और हम इससे परिचित नहीं। हमें इसका उपयोग करना नहीं आता। अतः इसमें कारण और प्रभाव के साधारण नियमों की तीव्रता दिखाई नहीं देती। ऐसा प्रतीत होता है कि हम एक अनिश्चित से संसार में हैं, जबकि हमने निरंतर एक निश्चित संसार में रहने की आशा की थी। बार-बार हम देखते हैं कि फेफड़े का कैंसर सिग्रेट पीने वालों को न पीने

वालों की अपेक्षा अधिक होता है। तिस पर भी सिग्रेट से मन बहलाते समय हम यह तसल्ली रखते हैं कि दोनों का संबंध अभी प्रमाणित नहीं हुआ।

फिर भी मेरा विश्वास है कि यह कठिनाई केवल स्वभाव की है। अपनी इच्छा और आवश्यकता की तीव्रता के अनुसार हम नए विचारों से परिचित होते जाएँगे। और हम ऐसा कर ही रहे हैं। आज विज्ञान ज्ञान के उन सभी क्षेत्रों में घुसता जा रहा है जिन्हें प्रयोगशाला में अलग-अलग नहीं किया जा सकता। आज हमें उन मामलों में निष्कर्ष पर पहुँचना पड़ता है जिसकी कारणात्मक यंत्र रचना तक पहुँचना संभव नहीं। ऐसा लग सकता है कि हम विज्ञान की अपनी धारणा पर इस आशा से अधिक बोझ डाल रहे हैं कि कोई ऐसा समय आएगा जब हम भौतिकी और अर्थशास्त्र, क्रम-विकास और मिट्टी संबंधी रसायन, औषध-विज्ञान और ऋतु-विज्ञान, मनोविज्ञान और हवाई बमवर्षा की समस्याओं को हल करने का कोई एक ढंग ढूँढ़ निकालेंगे। अब हम विज्ञान के संबंध में ऐसा सोचने लग गए हैं कि विज्ञान विशेषज्ञता के बहुत छोटे-छोटे भागों में बँटा हुआ है। विज्ञान स्वयं अपने ज्ञान का छोटा-सा संसार है जिसे कोई व्यक्ति या कोई वस्तु पुनः जीतने की आशा नहीं कर सकती। किंतु हो सकता है यह एक भ्रम मात्र हो। विज्ञान की विभिन्न शाखाएँ केवल इसलिए एक-दूसरे से दूर प्रतीत होती हैं क्योंकि हमें ऐसी समान प्रणाली का ज्ञान नहीं, जिनके अनुसार इनका विकास होता है और जो उन्हें आंगिक रूप से एक बनाए रखती है। ज़रा 1600 में ज्ञान की स्थिति पर विचार कीजिए—विज्ञान और कल्पना की शाखाएँ बिल्कुल अलग और विशेष प्रतीत होती थीं और उस समय किसी ने यह अनुमान भी नहीं लगाया था कि ज्यों ही द'कार्त और हाब्स ने कारण और प्रभाव की एक ही संकल्पना प्रस्तुत की वे शाखाएँ अपने उचित स्थान पर जाएँगी। संयोग की सांख्यिकीय संकल्पना भविष्य में विज्ञान की बिखरी शाखाओं को अचानक ही एक कर सकती है। हाब्स और न्यूटन ने प्राकृतिक नियम की संपूर्ण धारणा को ही बदल दिया मानवीय इच्छाशक्ति पर आधारित रहने के तर्क के स्थान पर उन्होंने उस नियम को कारण तथा शक्ति के आधार पर बनाया। किंतु मानवीय शक्ति के साथ यह समानता अब धीरे-धीरे समाप्त होती जा रही है। आज हम एक और वैज्ञानिक क्रांति की सीमा पर खड़े हैं। प्राकृतिक नियम की धारणा बदल रही है। पहली दृष्टि

में संयोग के नियम, नियम ही नहीं लगते। किंतु इस अध्याय में मैंने यह बताया है कि ये नियम भी उतने ही ज़ोर के साथ बनाए जा सकते हैं जितने ज़ोर के साथ कारण के नियम बनाए जाते हैं। निश्चय ही प्रकृति और समाज में हम इन नियमों को मानवीय अनुभव के असीम व्यापक क्षेत्र में देख सकते हैं। संभव है कि ये नियम उस क्षेत्र को ऐसी एकता प्रदान करें जो पिछले पचास वर्षों में न मिली हो। हम निराशावाद की एक ऐसी बड़ी लहर की चपेट में आ गए हैं जिसका उदय हमारी अपनी असमर्थता की धारणा से होता है कि हममें से कोई भी व्यक्ति इस संसार के महान् कार्यों को नहीं समझता। चूँकि विज्ञान और ज्ञान अनेक शाखाओं में बँट चुका है इसलिए हम अपना धैर्य खो चुके हैं। यही बात सत्रहवीं शताब्दी में भूमध्यसागर की प्राचीन शास्त्रीय संस्कृति के साथ हुई थी। भविष्य भूमध्यसागर के उत्तर के उन उत्साही और उद्देश्यपूर्ण आशावादियों के हाथ में आया जिन्होंने कारण और उद्देश्य के विचार पर अधिकार किया और उससे प्रकृति तथा संसार दोनों पर विजय पाई। आज हम भी अपने संसार को एक सूत्र में पिरोने तथा उसे प्रबुद्ध बनाने के लिए ऐसी ही एक धारणा को खोज रहे हैं। संयोग हमें असहाय स्थिति जैसा लगता है। परंतु संयोग के सिद्धांत सजीव, शक्तिशाली और मानवीय हैं; और संभव है कि ये सिद्धांत हमें पुनः आशावादी दृष्टिकोण प्रदान करें जो पिछली अर्ध-शताब्दी में इतनी बुरी तरह से नीचे गिर गया है।

विज्ञान का सहज बोध

1

अब हम विज्ञान के उलझे हुए ऊबड़-खाबड़ खेतों को कई स्थानों से पार कर चुके हैं। इससे भी अधिक महत्त्वपूर्ण स्थलों पर, हमने उस ठोस सतह तक पहुँचने के लिए जिन पर विज्ञान खड़ा है, ऊपरी सतह की खुदाई भी की है। मैं इस समय अन्वेषण और अनुसंधान के रूपक प्रस्तुत कर रहा हूँ और यह उचित भी है क्योंकि विज्ञान के सहज बोध के लिए इस प्रकार कदम-कदम पर रुकना एक खोज यात्रा ही है। और इस यात्रा का परिमाप समय है।

स्पेनियों की काल्पनिक पश्चिमी की यात्राओं की भाँति विज्ञान अपने सबसे साहसपूर्ण समय में भी इतिहास की इच्छा का पालन करता है और इस प्रकार इतिहास की गति निर्धारित करने में सहायता प्रदान करता है। सभ्यता और हमारे समाज की भाँति विज्ञान इतिहास की व्यापक व्यवस्था में विद्यमान रहता है। यह विद्यमान नहीं रहता बल्कि विकसित होता है। हमारी सभ्यता दस हजार वर्ष से कम पुरानी है। इस अवधि में मानव ने जिस संसार का उर से लेकर रेडियो सिटी तक, कन्फ्यूशियस (Confucious) और पाइथागोरास (Pythagora) से लेकर राबेलेस (Rabelais) और आइंस्टाइन तक निर्माण किया है उससे हम भली-भाँति परिचित हैं। और इस थोड़े से और साहसपूर्ण कार्य में विज्ञान का भाग तो और भी कम है।

विज्ञान, जिसे हम जानते हैं, पिछले तीन सौ वर्षों की देन है। इसका निर्माण ऐसे संसार में और ऐसे संसार द्वारा किया गया जिसकी निश्चित रूपरेखा लगभग 1660 में तैयार हुई, जब यूरोप ने धार्मिक युद्धों के दीर्घ दुःस्वप्न से मुक्ति पाई और उत्सुकतापूर्ण व्यापार और उद्योग के जीवन का मार्ग अपनाया। विज्ञान उन नए समाजों में मूर्त है; इन्होंने विज्ञान को बनाया और विज्ञान उनके निर्माण में सहायक हुआ। मध्यकालीन दुनिया निष्क्रिय और प्रतीकात्मक थी; वह प्रकृति के विभिन्न रूपों में निर्माता की छाप देखती थी। पुनर्जागरण-कालीन इटली के साहसी व्यापारियों में विज्ञान की पहली लहर से लेकर अब तक आधुनिक दुनिया एक सक्रिय मशीन बनी रही है। सत्रहवीं शताब्दी में यह व्यापारी संसार के दैनिक जीवन का भाग बन गई। इसलिए विज्ञान की रुचि खगोल-विज्ञान और यात्रा के उपकरणों और विशेषकर चुंबक में थी। सौ वर्ष पश्चात् औद्योगिक क्रांति के समय यह रुचि निर्माण और शक्ति के उपयोग की ओर पलट गई। तब से हमारी रुचि मनुष्य की शक्ति को बढ़ाने और दिन भर में वह क्या काम कर सकता है, की ओर रही है। पिछली शताब्दी में विज्ञान भाप से बिजली की ओर चला। इसके पश्चात् 1905 के आश्चर्यजनक वर्ष में आइंस्टाइन ने 26 वर्ष की आयु में कुछ निबंध प्रकाशित किए जिनसे भौतिकी की तीन विभिन्न शाखाओं में उल्लेखनीय प्रगति हुई। इसी वर्ष आइंस्टाइन ने पहली बार उन समीकरणों को लिपिबद्ध किया जिनके अनुसार पदार्थ और ऊर्जा अंतर्बदल हैं। इसके पचास से कम ही वर्षों बाद

अब हमारे पास लगभग सूर्य के बराबर, पदार्थ के रूप में शक्ति का भंडार है। अब हम यह जानते हैं कि सूर्य हमारे लिए पदार्थ का संहार करके ऊष्मा तैयार करता है।

विज्ञान के संबंध में जो कुछ भी कहा जा सकता है उस सबके पीछे इन महान् ऐतिहासिक घटनाओं का महत्त्वपूर्ण स्थान है। हमें विज्ञान की प्रगति में इनके अंशदान और इनमें विज्ञान के अंशदान पर गर्व करना चाहिए। वास्तव में इन घटनाओं का, समाज की केवल मात्र ऊपरी चीज़ों–रेडार के परदे, अप्रत्यक्ष तापन और हमारी शताब्दी की विटामिन की गोली या सफ़ेद डबल रोटी, चमड़े के जूते, सूती पोशाक और औद्योगिक क्रांति के लोहे के बैडस्टेड–से कहीं अधिक हमारे सभी कार्यों पर प्रभाव पड़ता है। आज विज्ञान हमारे समाज के जीवन और उसकी रचना का एक भाग बन गया है। एक व्यक्ति जो कैंट नामक नगर में फलों और तरकारियों के बाग़ से अपना गुज़ारा चलाता है और दूसरा जो अंतरिक्षयानों में गोरी-गोरी नायिकाओं के चित्र खींचता हैं–दोनों की वस्तुएँ हमारे इस तकनीकी समाज में बिकती हैं। और यदि एक को दस वर्ष के लड़के नौकर रखने की अनुमति नहीं दी जाती और दूसरा अपने कार्टूनों को चपल एवं यौन संबंधी यातनाओं द्वारा मज़ेदार बनाता है तो यह चेतना, चाहे अच्छी हो या बुरी, विज्ञान की ही देन है। मानव-जीवन सामाजिक जीवन है; और विज्ञान की कोई शाखा नहीं जिसका कोई अंश सामाजिक विज्ञान का अंश न हो।

इसलिए मैंने हमेशा ही विज्ञान के विचारों को उनके काल की पृष्ठभूमि में देखा है। एक के बाद दूसरे वर्ष में इन विचारों का विकास होता रहता है और अंत में उनकी रूपरेखा बिल्कुल बदल जाती है। और यह विकास केवल ख़ाली अवकाश में ही नहीं होता रहता न ही यह किसी सूक्ष्म अवकाश में होता रहता है जहाँ विचारों के अतिरिक्त कुछ नहीं होता। यह विकास तो इस दुनिया में विवेकशील और आनुभविक दुनिया में होता है। अंततः विज्ञान का प्रभुत्व और उसकी महानता इस बात पर निर्भर करती है कि इसमें विवेक और अनुभव दोनों का सम्मिश्रण है। विज्ञान में तथ्य और विचार दोनों हैं, जो एक-दूसरे को शक्ति प्रदान करते हैं।

2

अब हमें उस भूमि का चित्र भी बना लेना चाहिए जिसकी हमने खोज की है। अब समय आ गया है कि हम इतिहास और उस भूमि तक पहुँचने के सभी साधनों को एक ओर रख दें। विज्ञान की प्रगति के चरणों पर विचार करते समय भी पिछले अध्यायों में हमारे मन में यह प्रश्न बार-बार आया है कि आज वैज्ञानिक पद्धति का आधार क्या है ? इस प्रकार चलते-चलते जब हम वर्तमान तक पहुँच चुके हैं तो हमें उन सब बातों का लेखा-जोखा करना चाहिए जिनका हमने पता लगाया है।

हम जो चित्र बना रहे हैं वह भू-गर्भीय चित्र होगा। इसमें वे परतें खींची गई हैं जिन पर हमारा तकनीकी कौशल आधारित है क्योंकि बुद्धि और हाथ दोनों साथ-साथ चलते हैं। जैसे कि अठारहवीं शताब्दी के यंत्र और इंजन बनाने वालों ने सिद्ध किया था, हमारा प्रकृति-ज्ञान उतना ही ठीक होगा जितनी वे मशीनें ठीक होंगी जिनसे हम प्रकृति का पता लगाते हैं और उसका नियंत्रण करते हैं। और साथ ही जैसा 1899 में मेक्स प्लैंक के पहले समीकरणों से परमाणु बमों के वर्तमान भंडारों तक क्वांटम भौतिकी की संपूर्ण प्रगति से पता चलता है, हमारी तकनीकी सफलता प्रयोग की पेचीदगियों को बुद्धि की दक्षता और साहस से विचार करने की शक्ति पर निर्भर करती है जिसमें दर्शन संबंधी हमारी मान्यताओं का कोई स्थान न हो, चाहे वे संशयवादी हों या भौतिकवादी।

संशयवादी हों या भौतिकवादी, ये मान्यताएँ हमारे इस विचार में घर किए हुए हैं कि विज्ञान को वास्तविक संसार के विचार का विषय बनाना चाहिए। यद्यपि हम इसके बारे में शायद ही कभी सोचते हैं किंतु हम सब भली-भाँति जानते हैं कि सभी पूर्वचिंतन संसार की यथार्थता को स्वीकार करने और उसे किसी प्रकार क्रमबद्ध करने पर निर्भर करता है। बही-खाता रखने, प्रशासन चलाने और सप्ताहांत सामान ख़रीदने की तरह विज्ञान भी एक ऐसी क्रिया है जो हमारे अनुभव में व्यवस्था लाता है। एक्वीनास के विज्ञान के बारे में भी यह बात कही जा सकती थी। सोलहवीं और सत्रहवीं शताब्दी में इस विचार में एक नया विचार जोड़ दिया गया कि विज्ञान जो व्यवस्था खोजना या स्थापित करना चाहता है वह किस प्रकार की हो। मोटे तौर पर इसका अभिप्राय यह है कि विज्ञान को फ़रिश्तों, लाल नाक वाली नीली परियों

और उन सभी कारणों से छुटकारा पाना है जिनके प्रभावस्वरूप भौतिक घटनाओं की व्याख्या भौतिक से अतिरिक्त अन्य बातों में चली जाएगी। अर्थात् यह दुनिया अपने-आप से नियमित है; यह दुनिया एक मशीन है।

इस मशीन के काम की नकल करने के लिए प्रायः हम एक मॉडल बनाते हैं जिसमें साधारण इकाइयाँ होती हैं और जो साधारण नियमों का पालन करता है। इस मॉडल की गतियों को समय और अवकाश में उन स्थानों पर पहुँचता दिखाया जाता है जहाँ प्रयोग द्वारा भौतिक संसार में उनकी जाँच की जा सकती है। इस बात का कोई अंतर नहीं पड़ता कि यह मॉडल घिरनियों और स्प्रिंगों और कैथोड नलियों से बना हो जिनके व्यवहार से हम भली-भाँति परिचित हैं या यह समीकरणों की एक शृंखला हो, जिनका हल ढूँढ़ना हो। दोनों ही मॉडल हैं। मॉडल का मूल अर्थ यह है कि यह यूक्लिड की रचना की भाँति स्वयंसिद्ध रचना हो। मॉडल से अभिप्राय एक ऐसी दुनिया की परिकल्पना है जो निश्चित नियमों का पालन करने वाली कई इकाइयों, परमाणुओं या कोषाणुओं या प्रतिवर्तों से बनी हो जिनका व्यवहार केवल कालाविधि में इन नियमों का क्रिया रूप है।

अंत में हम यह बात निश्चित रूप से मान लेते हैं कि इन नियमों का स्वरूप यूक्लिड के स्वयंसिद्धों से बहुत कुछ मिलता-जुलता हो। यूक्लिड के स्वयंसिद्धों से इस बात का पता चलता है कि जब रेखाओं की कोई आकृति बनाई जाए तो क्या परिणाम होगा और ये स्वयंसिद्ध इस बात को हमेशा के लिए निश्चित रूप से ठीक-ठीक बता देते हैं। यदि ऐसी तीन रेखाएँ खींची जाएँ जो दो-दो के जोड़ों में तीन विभिन्न स्थानों पर मिलें तो उनसे एक त्रिभुज बनेगी और यदि उसके कोणों को जोड़ा जाए तो उनका जोड़ एक सौ अस्सी डिग्री होगा। ऐसा नहीं हो सकता है कि आधे समय वे त्रिभुज बनाएँ और आधे में कुछ और। ऐसा भी नहीं होता कि दस में से सात बार तो कोणों का योग एक सौ अस्सी डिग्री का हो और तीन बार कुछ और। और यह भी नहीं कि किसी अनिश्चितता के क्षेत्र में कोणों का योग लगभग एक सौ अस्सी डिग्री हो। यूक्लिड की दुनिया में सब बातें वैसे ही होती हैं जैसा कि पहले बताया गया हो। कम-से-कम गणितज्ञ कुछ समय पहले तक ऐसा मानते रहे हैं यद्यपि अब कुछ ऐसे ऐसे प्रमेयों के कारण कुछ हलचल मच गई है

जो न तो सही और न ही ग़लत सिद्ध किए जा सकते हैं। निस्संदेह यूक्लिड की दुनिया में समय का कोई स्थान नहीं; और यह एक ऐसा अंतर है जिसका प्रभाव बहुत गहरा पड़ता है। फिर भी हम पिछले तीन सौ वर्ष से उसके जैसे सभी नियमों को परिशुद्ध, परिमित और परिवर्तनीय मानते चले आ रहे हैं। जिस दुनिया में समय का भी समावेश हो वे नियम कारणात्मक होते हैं। और यही वे नियम हैं जिन्हें हम विज्ञान का सार समझते रहे हैं।

यह है वह पृष्ठभूमि जिसका मैंने इस पुस्तक में विस्तारपूर्वक उल्लेख किया है। और इसमें मैंने विस्तार सहित एक और प्रकार का नियम जोड़ दिया है जिसे हम कार्यशील दुनिया में समाविष्ट कर सकते हैं। तब भी यह दुनिया क्रमबद्ध होगी, एक मशीन होगी और इसका मॉडल भी बनाया जा सकता है यद्यपि जिसकी कोई आवश्यकता नहीं। यह दुनिया अनिवार्यतः इसी बात में भिन्न है कि यह ऐसे नियमों द्वारा चलती है जिनका स्वरूप भिन्न है, अर्थात् यह दुनिया कारण और प्रभाव के स्थान पर संयोग के नियमों का पालन करती है। अब हम जो चित्र बना रहे हैं उसमें हमें अधिक गहराई में जाना चाहिए। दोनों प्रकार की दुनिया के तरीक़े में अंतरों के पीछे हमें विज्ञान की वर्तमान प्रकृति में उनके मूल कारण का अध्ययन करना चाहिए। विज्ञान की प्रकृति क्या है ? इस अध्याय में हमारा यही प्रश्न है। इसके उत्तर को दृष्टिकोण में रखते हुए ही विज्ञान के नए तरीकों के विकास का अध्ययन करना चाहिए। यहाँ हमारी भविष्यवाणी बड़ी खोजपूर्ण और मौलिक होनी चाहिए।

3

यदि हमें प्रारंभ से ही शुरू करना है तो हमें यह बात पूरी तरह से समझ लेनी चाहिए कि हम जिस दुनिया को देखते हैं, हम उसी का एक भाग भी हैं। हम दुनिया को इस प्रकार नहीं बाँट सकते कि हम अपने-आप को पर्दे के एक ओर दर्शक के रूप में रखें और शेष सभी वस्तुओं को दृश्य के रूप में दूसरी ओर, जिन्हें हम दूर से देखते हैं। आपको यह बात भले ही केवल दार्शनिक चर्चा लगे। निस्संदेह लगभग ठीक कार्य करने वाले किसी विज्ञान को भाप इंजन तैयार करने, हवा में नाइट्रोजन की मात्रा निर्धारित करने और कई अवलकल समीकरण हल करने के विज्ञान को किसी झूठे सिद्धांत पर

खड़ा कर दिया जाए किंतु एक समय ऐसा सूक्ष्म स्थल आ सकता है जब ये छोटी-मोटी और सुलभ मान्यताएँ विफल हो जाती हैं। उस समय सही उत्तर पाना तब तक संभव नहीं होता जब तक हमें यह ठीक-ठीक ज्ञान न हो कि हम क्या कर रहे हैं। यदि हमारी विचारधारा की मान्यताओं के प्रति आलोचनात्मक दृष्टिकोण का अभिप्राय दर्शन है तो ऐसे स्थल पर हमारे दार्शनिक-सिद्धांत निश्चय ही ठीक होने चाहिए। हमें विज्ञान को किसी अव्यावहारिक दृष्टिकोण से नहीं देखना चाहिए बल्कि इसकी उन व्यावहारिक क्रियाओं पर दृष्टि डालनी चाहिए जिन्हें हम विज्ञान का उपयोग करते समय काम में लाते हैं।

मैंने पहले ही इसके सबसे महत्त्वपूर्ण व्यावहारिक उदाहरण की ओर ध्यान आकृष्ट किया है। न्यूटन के समय से भौतिकविद् इस दुनिया को घटनाओं का जाल कहते चले आ रहे हैं। किंतु भौतिकी में कोई घटना नहीं होती; इसमें प्रेक्षण होते हैं और घटना तथा हमारे बीच निश्चित ही कोई संकेत होना चाहिए—प्रकाश की एक किरण, एक लहर या एक आवेग—जिसे साधारणतः प्रेक्षण से अलग नहीं किया जा सकता। 1905 में आइंस्टाइन ने इसी अंतर्दृष्टि का परिचय दिया। उसे यह तब सूझी जब भौतिकी की असंगतियाँ देखकर उसने अपने-आप से प्रश्न किया कि कोई भी व्यक्ति वहाँ से अपना कार्य अर्थात् बहुत दूर दो स्थानों के समय की तुलना करने का कार्य कैसे आरंभ करे जिसे न्यूटन ने निश्चित ही मान लिया था। ज्यों ही यह प्रश्न कर दिया जाए, प्रत्येक आदमी इसका उत्तर दे सकता है, आप दो अलग-अलग स्थानों पर संकेत भेजे बिना और उनकी पहुँच की सूचना के बिना उनमें तुलना नहीं कर सकते। बड़ी बात प्रश्न का उत्तर देना नहीं बल्कि प्रश्न करना थी। घटना, संकेत और प्रेक्षक—यह एक संबंध था जिसे आइंस्टाइन ने भौतिकी की मूलभूत इकाई माना। सापेक्षता घटना के रूप में नहीं बल्कि संबंधों के रूप में संसार का ज्ञान है।

कुछ समय के लिए दार्शनिकों ने भी ऐसी ही बात कही थी। विज्ञान को अमूर्त-मान्यताओं से मुक्त हो जाना चाहिए और केवल प्रेक्षित तथ्यों के आधार पर ही अपनी व्यवस्था का निर्माण करना चाहिए। किंतु आइंस्टाइन ही पहला व्यक्ति था जिसने इस दार्शनिक सिद्धांत को ध्यानपूर्वक ग्रहण किया।

उसने इस सिद्धांत को समीकरणों का रूप दिया; और भौतिकविद् इस बात को देखकर आश्चर्यचकित रह गए कि इससे बुध (Mercury) के अनिश्चित व्यवहार का कारण ज्ञात हो गया और सूर्य के निकट प्रकाश के झुकाव की पूर्वसूचना मिल गई।

बृहद्व्यापी भौतिकी में से ये उदाहरण देने का एक विशेष कारण है। प्रायः क्वांटम भौतिकी से ऐसे उदाहरण दिए जाते हैं कि प्रेक्षण के समय देखे जाने वाले क्षण वैसे ही भागते हैं जैसे ख़रगोश रात के समय मोटर की रोशनी देखते ही दुम दबा कर भाग जाता है। इसी तरह, सामाजिक विद्वानों में जनता की राय जानना और फिर उसके अनुसार प्रश्न तैयार करना कठिन है जिससे उसके उत्तर पर किसी प्रकार के पक्षपात का प्रभाव न पड़े। यही कारण है कि मनोविज्ञान में अपने-आपसे प्रश्न करने की क्रिया को अत्यंत भ्रमशील माना गया है। यह नहीं हो सकता कि आप अपने मन की निगरानी भी करें और अपने-आप को यह भी समझ लें कि आप देख नहीं रहे। किंतु इनमें से कोई भी कठिनाई इतनी मूलभूत नहीं जितनी कि वह थी जो आइंस्टाइन ने बताई। इन उदाहरणों में, प्रेक्षण प्रयोग में केवल दख़ल देता है। सापेक्षता का सिद्धांत इससे भी आगे निकल गया और उसने यह सिद्ध कर दिया कि प्रेक्षण ही विज्ञान का मूल तत्त्व है।

स्वभाववश यह बात आसानी से समझ नहीं आती। प्रयोग के समय हम इसे स्वीकार करते हैं और जब वह समाप्त हो जाता है तो हम फिर ऐसा मॉडल तैयार करने लगते हैं जिसके अंग प्रेक्षण नहीं बल्कि कल्पित वस्तुएँ होती हैं। हम पूछते हैं—हम ऐसा क्यों न करें ? यह केवल मॉडल ही तो है। और वास्तव में यह ग्रहण और पन-बिजली बाँधों तथा जीवाणुओं के प्रसार को रोकने के लिए पैनिसिलिन के प्रभाव से बड़ी-बड़ी बातों को लगभग ठीक बताने वाले मॉडल के रूप में अच्छी तरह काम कर ही सकता है। किंतु जब हम सूक्ष्म प्रभावों की ओर आते हैं तो हमें अधिक सरल तथा यथार्थवादी होना चाहिए। तब हमें विज्ञान का उसके यथार्थ रूप में प्रयोग करना चाहिए और वह है प्रेक्षणों का क्रमबद्ध समूह जिससे हमें भविष्य में होने वाली बातों का पता चलता है।

प्रेक्षण शब्द के प्रयोग में मुझे इस बात का अब भी ध्यान है कि मैंने विज्ञान के कार्य का बहुत निष्क्रिय चित्र खींच दिया है। अब भी संसार के बारे में यह सोचने की ओर मन झुकता है कि यह अपने विशाल मार्ग पर चल रहा है और समय-समय पर वैज्ञानिक को अपनी अविचलित गति की झलक देता रहता है। यह सोचना एक भयंकर भूल होगी। वास्तव में यह धारणा दुनिया और प्रयोग करने वाले के बीच की खाई को जिसे मैं पाटने का प्रयत्न करता रहा हूँ और पक्का करती जाएगी। विज्ञान केवल विवेकशील ही नहीं बल्कि आनुभविक भी है—विज्ञान प्रयोग है, अर्थात् यह क्रमबद्ध और तर्कपूर्ण क्रिया है। प्रयोग तथा समस्त विज्ञान का सार यह है कि यह सक्रिय है। यह दुनिया को केवल देखता ही नहीं बल्कि उसका सामना भी करता है।

निस्संदेह यह बात केवल विज्ञान की विशेषता नहीं। समस्त जीवन क्रिया है और मानव-जीवन की विचारपूर्ण क्रिया। यदि जीवन के संबंध में यह बात स्पष्ट है तो विज्ञान के संबंध में तो यह और भी सत्य है कि विज्ञान मानव-जीवन की एक विशिष्ट क्रिया है। मानव-कार्य की विशेषता यह है कि यह हमारे सम्मुख कई विकल्पों में से चुना हुआ विकल्प है। मनुष्य इन विकल्पों की कल्पना कर सकते हैं जबकि पशु संभवतः ऐसा नहीं कर सकते; किंतु दोनों के लिए कार्य का अभिप्राय चुनाव ही है। इस चुनाव को चाहे हम मुक्त मानें अथवा सीमित। दोनों अवस्थाओं में कार्य का लक्ष्य भविष्य होता है। मनुष्य इस लक्ष्य के प्रति जागरूक होते हैं और एक के स्थान पर दूसरे कार्य को जानबूझ कर इसलिए चुनते हैं ताकि उसका परिणाम एक के स्थान पर दूसरा हो। मेरे विचार में हम चाहे उनके चुनाव को मुक्त कहें या निश्चित कहें उपर्युक्त कथन उनकी क्रिया को समुचित रूप से व्यक्त करता है।

मेरे विचार में यह सबसे महत्त्वपूर्ण बात है और अजीब बात यह है कि इससे पहले इस बात की ओर बहुत ही कम ध्यान दिया गया था। जीवित वस्तुओं की विशेषता यह है कि उनके कार्यों का लक्ष्य भविष्य होता है। इसे हम और मोटे तौर पर कह सकते हैं कि कार्य की यही विशेषता है, किंतु मुझे यह व्यर्थ विभेद प्रतीत होता है क्योंकि कार्य और जीवन वास्तव में अंतर्बदल धारणाएँ हैं। जीवित वस्तुओं में परिवर्तन होता रहता है; वे कल को आज

से भिन्न होंगी और उनके कार्य का लक्ष्य भविष्य होता है। कोषाणु (cell) के एंजाइमों को यह पता नहीं होता कि उनकी क्रिया से बीस मिनट बाद कोषाणु बँट जाएगा; किंतु यदि वे ऐसा नहीं कर पाते तो न वे रहेंगे और न कोषाणु, दोनों ही समाप्त हो जाएँगे। हम यह नहीं जानते कि सूत्रकृमि (threadworm) या यकृत-पर्णाभ (liver-fluke) या बलूत का जीवन-क्रम कैसे शुरू होता है किंतु यह जानते हैं कि उस क्रम का प्रत्येक चरण अगले चरण की तैयारी होती है; और यदि जीव से कोई अंश छूट जाए तो उसकी मृत्यु हो जाती है। इस तैयारी की रचना अनोखी और विस्तृत है हम छाया को देखकर आँखें मूँद लेते हैं, हम कोई आवाज़ सुनते हैं तो हमारी ग्रंथियाँ हमारे रक्त में एड्रिनलिन (adrenalin) की पिचकारी छोड़ देती हैं जिससे हमारी नाड़ी की गति तेज़ हो जाती है, पेशियाँ (muscles) अकड़ जाती हैं और तंत्रिकाएँ (nerves) सचेत हो जाती हैं। परंतु प्रत्येक मामले में हमारे कार्यों का लक्ष्य किसी अस्पष्ट प्रत्याशित भविष्य की ओर होता है। और यह बात आदि कोषाणु पर भी लागू होती है और गिब्बन पर भी जो एक प्रभावपूर्ण टिप्पणी गढ़ने के आनंद के लिए अपने पांडित्य के पहाड़ को खोद डालता है।

यह सब जीवन की क्रिया में छिपा है; किंतु जब हम वैज्ञानिक सिद्धांतों को खोजते हैं तो यह सरल और स्पष्ट हो जाता है क्योंकि कोई भी वैज्ञानिक सिद्धांत ऐसा नियम है जिसके द्वारा हम अपने आचरण का मार्गदर्शन करते हैं और इस बात का ध्यान रखते हैं कि यह सिद्धांत हमें किसी ज्ञात भविष्य की ओर ले जाएगा। किसी श्रुतिलेख की भाँति यह सिद्धांत क्रमबद्ध रीति से हमारी भविष्य की प्रत्याशा का निर्माण करता है। और जिन अवस्थाओं पर यह सिद्धांत लागू होता है वे जितनी व्यापक होंगी और उनका श्रुतिलेख जितना संक्षिप्त होगा, हम उस सिद्धांत को उतना ही शक्तिशाली और महत्त्वपूर्ण समझेंगे। किंतु किसी वैज्ञानिक सिद्धांत और भविष्य का पता देने वाले हमारे स्वाभाविक तरीक़े में यही अंतर है कि वैज्ञानिक तरीक़ा अधिक व्यवस्थित और स्पष्ट होता है। हम सब आगे की ओर देखने वाले प्राणी हैं। जीवन ही आगे देखने की क्रिया है। यह भविष्य को इस प्रकार देखता है जैसे अणु प्रकाश की ओर मुड़ते हैं। वास्तव में केवल जीवित वस्तुएँ ही बुढ़ापा और अंत जैसी प्रक्रियाओं में से गुज़रती हैं जिसके द्वारा अतीत से सरलतापूर्वक भविष्य बतलाया

जा सकता है। ये प्रक्रियाएँ समय को सदृश्य बनाती हैं; जबकि मृत दुनिया में आसानी से मिलने वाली ऐसी कोई चीज़ नहीं जो अतीत से भविष्य का पता दे सके। शास्त्रीय यांत्रिकी में समय की कोई ज्ञात दिशा नहीं और उसके अनुसार ब्रह्मांड उसी प्रकार कार्य करता रहेगा जैसे कि उसमें प्रत्येक परमाणु पीछे की ओर मुड़ रहा हो।

5

अतः जीवित वस्तुओं के कार्य की कुंजी यह है कि उसका लक्ष्य भविष्य होता है। जीवित वस्तुएँ यह जान सकती हैं कि भविष्य में क्या होने वाला है अथवा अधिक सुतथ्यतः आगे जो होने वाला है उसे देखते हुए उन्हें क्या करना चाहिए। यह ज्ञान प्रायः अचेत होता है। यह दूरदर्शिता हमारे लिए आश्चर्य की बात नहीं होनी चाहिए। न ही हमें इसको शेष दुनिया से अधिक आश्चर्यजनक समझना चाहिए, क्योंकि स्पष्टतः जीवित वस्तुओं की व्यक्तिगत रूप में और जातिगत रूप में अतिजीविता की हमेशा से यही शर्त रही है। जीवित वस्तुएँ जब तक अपने-आप को भविष्य के अनुसार न ढालतीं और पहले से उसके संकेतों को न समझतीं तो वे अवश्य ही समाप्त हो जातीं। प्रकृति की ताल और उसकी एकरूपताएँ चाहे कैसी भी हों, जीवन के शेष अंश को अनिवार्य रूप से हमेशा उनके अनुकूल रहना पड़ता है; यही ताल अतिजीवन की शर्त है। ऐसा कहते हैं कि गेलीलियो ने अपनी नाड़ी (pulse) पर एक लैंप लटकाकर समय का हिसाब रखते हुए वह खोज की थी कि लोलक (pendulum) का समय लगभग स्थिर रहता है। यह कहानी प्रतीकात्मक रूप में मेरी बात को स्पष्ट करती है; क्योंकि गेलीलियो या मेरे डॉक्टर या किसी और व्यक्ति ने जिस बात की खोज की है वह यह नहीं कि लोलक या नाड़ी का समय स्थिर रहता है बल्कि यह कि दोनों का समय समान रहता है। उनकी ताल चाहे कैसी भी हो किंतु वह है एक ही। जब हम दुनिया की सुंदरता को देखते हैं तो हम इसे नियमित पाते हैं क्योंकि हमारा भी इसके साथ तादात्म्य होता है।

मैं बता चुका हूँ कि जीवित वस्तुएँ पूर्वदृष्टि की सहायता से, चाहे वह

अचेतन हो और स्वाभाविक या अचेतन रूप से अनुमान हो, अपने-आपको वातावरण के अनुसार ढाल लेती हैं या फिर नष्ट हो जाती हैं। और अधिक ज़ोरदार शब्दों में हम इसे इस प्रकार कह सकते हैं—अपने-आपको भविष्य के अनुसार ढालने का कार्य ही पूर्वदृष्टि है। इसके द्वारा व्यक्ति अपने आपको ढालते हैं। ऐसे ही सभी समाज और जीवित प्राणी भी। इस प्रकार किसी जाति द्वारा अपने आपको ढालने की प्रक्रिया एक धीमी प्रक्रिया है जिसका लक्ष्य भविष्य होता है, जिसमें संपूर्ण समाज, भविष्य के संकेतों का—चाहे वे संकेत आने वाले हिम-युग के बारे में हों या किसी महाद्वीप के अपक्षरण के—अर्थ लगाता है और चुनौती का सामना करने के लिए अपने ढाँचे में अचेतन रूप से परिवर्तन करता रहता है।

मैंने अचेतन रूप से शब्द का पुनः प्रयोग किया है क्योंकि इसमें युक्तियुक्त रूप से समझने और चेतन रूप से निश्चय करने की कोई बात नहीं। संपूर्ण जाति के लिए अपने को ढालने की प्रक्रिया बिल्कुल अवैयक्तिक हो सकती है और यह भी हो सकता है कि इसका वैयक्तिक जीवन से विरोध हो, जैसा कि मधुमक्खी के मरण-काल के डंक से स्पष्ट होता है। यहाँ आकर चुनाव अनिवार्य हो जाता है और फिर भी जाति अपने-आपको भविष्य के अनुसार ढालती जाती है, वर्तमान पीढ़ियाँ आने वाली पीढ़ी की तैयारी करती हैं। हमें इन सबके पीछे किसी विशेषज्ञ या उद्देश्य की खोज नहीं करनी चाहिए। मैं यह बात फिर कहता हूँ कि वैयक्तिक और जाति के जीवन की यही शर्त है। वर्तमान भविष्य जैसा नहीं है किंतु यह उससे भिन्न भी नहीं है; यह भविष्य का संकेत है; और जीवित वस्तुएँ, व्यक्तिगत रूप में या जातिगत रूप में, भविष्यसूचक हैं जो संकेतों का अर्थ बताती हैं ताकि वे भविष्य के लिए तैयार हो सकें।

भविष्यसूचक के रूप में मशीन का विचार बिल्कुल नया है। किंतु यह अत्यंत महत्त्वपूर्ण है और हमें इससे सुपरिचित होना चाहिए। इस विचार में छोटे-से-छोटे कोषाणु की भोजन की खोज से लेकर मानव कल्पना की बड़ी-से-बड़ी उपज तक जीवित वस्तुओं के सभी मूल कार्य आ जाते हैं। मेरी दृष्टि में यह विचार मन की क्रिया-प्रक्रियाओं के बारे में अंतर्दृष्टि प्रदान करता है जिसे पुराने दार्शनिकों ने छोड़ दिया था। और इस संबंध में हमें आश्चर्यचकित

होने की कोई आवश्यकता नहीं क्योंकि किसी भविष्यसूचक को पूरे तौर पर तब तक़ समझना कठिन है जब तक आपने स्वयं कभी कोई भविष्यसूचक बनाने का प्रयास न किया हो।

भविष्यसूचक एक ऐसी मशीन है जो भविष्य के लिए तैयार रहने के लिए अतीत और वर्तमान की सूचनाओं को काम में लाती है। सामान्यतः न ही इसकी सूचना और न ही इसकी पूर्वसूचनाएँ अपने आप में पूरी होती हैं। परंतु वे पूरा करने का प्रयास भी नहीं करतीं। भविष्यसूचक लाप्लास के काल्पनिक देवदूत का कोई संक्षिप्त संस्करण या कोई वैज्ञानिक किस्म का टायरेसियास (Tiresia) नहीं जो सब चीज़ें जानता है और जिसने सब चीज़ों को पहले से देख रखा है। एक भविष्यसूचक अपनी सूचना संकेतों के रूप में ग्रहण करता है, और उसकी प्रक्रिया इन संकेतों का अर्थ लगाती है ताकि वह भविष्य के अनुसार कार्य करे। यह कार्य निरंतर प्रक्रिया है। भविष्यसूचक जब अपने आपको भविष्य के अनुसार ठीक-ठाक कर रहा होता है, तब भी वह सूचनाएँ ग्रहण करता रहता है और इन संकेतों का पुनः अभिसंस्कार करता है ताकि वह प्रतिक्षण भविष्य का पीछा करता रहे। भविष्यसूचक का यह चित्र ऐसे भविष्यसूचक के लिए भी ठीक बैठता है, जो वास्तव में किसी हवाई जहाज़ का इसलिए पीछा करता है ताकि उस पर उपयुक्त समय पर गोली चलाई जा सके, या ऐसे चमगादड़ के लिए जो रुकावटें जानने के लिए अपनी लघु तरंगें फेंकता है या ऐसी प्रक्रियाओं के लिए जो हमारे शरीर का तापमान बराबर रखती है या चिंतन के समय मस्तिष्क में रक्त भेजती हैं। मैंने जिस बात को इन संकेतों का अर्थ लगाने की प्रक्रिया कहा है वह अपने आप में एक रोचक प्रक्रिया है क्योंकि प्रत्येक यांत्रिक प्रणाली का, चाहे वह जीवित हो या जिसका निर्माण किया गया हो, कार्य संदेश के साथ आने वाले अर्थहीन दोलनों से अर्थ निकालना है। किंतु मैं तो इसमें से एक आवश्यक संबंध अलग से निकालना चाहता हूँ, अर्थात् वर्तमान ऐसे संकेत प्रदान करता है जिनका लगातार कोई-न-कोई अर्थ होता है जिससे भविष्य का पता लगाया जाता है। प्रत्येक क्षण इस मशीन को अपने संकेतों को एकत्र करना चाहिए; इस प्रक्रिया का कार्य संश्लेषणात्मक है विश्लेषणात्मक नहीं।

6

हम विज्ञान में वहाँ रुचि लेते हैं जहाँ पूर्वसूचना की प्रक्रिया चेतन और युक्तियुक्त हो। यहाँ तक कि मनुष्यों में भी यह एक ही प्रकार की पूर्वसूचना नहीं। मनुष्यों की वाणी संबंधी अंतःप्रेरणाएँ होती हैं जिनका निश्चय ही युक्तिसंगत रूप से विश्लेषण नहीं किया गया है और उनमें से कुछ का कभी भी नहीं किया जाएगा। उदाहरण के लिए, जैसा कि कभी-कभी दावा किया जाता है कि प्रायः सभी लोग उस मशीन की अपेक्षा जो केवल संयोग से ही उत्तर उठाती है, अज्ञात कार्ड के विषय में अच्छी तरह से अनुमान लगा सकते हैं तथा कुछ और भी अच्छी तरह से। यह बिल्कुल आश्चर्य की बात नहीं क्योंकि मानव मन चाहे कुछ भी हो, पर ऐसी मशीन नहीं जो यादृच्छिक संख्याओं की तालिकाओं की भाँति संयोग से ही अनुमान लगाती हो। निश्चय ही क्रम-विकास ने हमें तेज़ी से इसलिए चुना हैं क्योंकि हमारे पास पूर्वदृष्टि के निश्चय ही ऐसे गुण हैं जो अन्य जीवों से कहीं अधिक उत्तम हैं। इनमें से विवेकशील बुद्धि एक है और यह गुण अंततः जितना महत्त्वपूर्ण है उतना ही अस्पष्ट है। और जहाँ विवेकशील बुद्धि का लक्ष्य भविष्य होता है और जब वह अतीत के अनुभवों से अज्ञात कल के बारे में पता लगाती है तो उसकी सफलता उतना बड़ा रहस्य होता है जितनी कि अनुमान लगाने वाले–जो संगति के मंच से बाहर अनुमान लगाते हैं–उन सर्वाधिक गुणियों की साधारण सफलताएँ जिनका अभी पता चला हो।

अब दो बातें ऐसी हैं जिनको हमें अच्छी तरह से समझ लेना चाहिए। पहली बात तो पुरानी उलझन है। दो सौ वर्ष हो गए, दार्शनिकों ने तर्क में विशुद्ध निगमनिक (deductive) क्रियाओं द्वारा, जैसी कि यूक्लिड की दुनिया में मिलती हैं, और आगमनात्मक (inductive) तर्क में जो अतीत के अनुभव का भविष्य में समावेश करता है, भेद किया है। किंतु यह भेद बहुत बढ़ा-चढ़ा कर बताया जाता है। निगमन के विषय में यही कहा जा सकता है कि हम इसकी प्रक्रिया बता सकते हैं, और जो चीज मान्य है उसके संक्षेप में नियम भी बना सकते हैं। किंतु ऐसा मानने के पीछे यही प्रमाण है कि इस प्रक्रिया के निश्चय कल को भी खरे उतरेंगे क्योंकि वे बीते कल ठीक थे और वे उन निश्चयों से भिन्न नहीं हैं जो किसी ऐसे सिद्धांत पर लागू होते हैं जो

भविष्य में भी खरा उतरने का दावा करता है। हम कहते हैं कि यदि एक त्रिभुज की तीनों भुजाएँ बराबर हों तो उसके तीनों कोण भी बराबर होंगे। किंतु इससे फिर भी हमारा अभिप्राय यही है कि तीनों कोण बराबर होते हैं; हमने यह बात तर्क के सोपानों द्वारा निकाली है जिसके परिणाम. हमेशा ठीक निकलते रहे हैं। यदि हम यह कहते हैं कि तीनों कोण बराबर होंगे तब हम यह दावा करेंगे कि ये सोपान हमेशा उचित ही रहेंगे और भविष्य में भी इनसे सच्चे परिणाम निकलेंगे। और यह दावा अतीत से भविष्य में आगमन का एक विशेष उदाहरण है।

दूसरी बात इससे भी गहरी है। हमारी समस्त पूर्वसूचनाओं में एक अनकही पूर्वधारणा काम करती है कि विज्ञान का आदर्श ऐसी भविष्यवाणियाँ करना है जो हमेशा ठीक ही निकलेंगी। हमारे मन में लाप्लास की पूर्वसूचना देने वाली मशीन को प्राप्त करने की तीव्र इच्छा है जो सभी प्रश्नों का सही उत्तर पाने के लिए सर्वोत्तम मशीन होगी। यह तो ऐसा कहने के समान है कि हम एक ऐसा मॉडल चाहते हैं, जिसे प्रत्येक प्रेक्षण में असली दुनिया से अलग न किया जा सकता हो। पूर्वसूचना देने वाली किसी भी मशीन का उद्देश्य यह नहीं होता। बस मॉडल और पूर्वसूचना देने वाली मशीन में यही अंतर है, और यही कारण है कि मैंने पूर्वसूचना देने वाली मशीन शब्द का प्रयोग किया है; क्योंकि यह ऐसी मशीन नहीं जो पहले से भविष्य की सूचना देने का दावा करती हो। यह मशीन अपनी प्रक्रिया से पूर्वसूचना देने का प्रयत्न करती है और इसकी पूर्वसूचनाएँ ठीक ही नहीं होतीं। यह भविष्य के अस्तित्व की पहले से ही कल्पना नहीं करती ताकि उससे हमारी इच्छानुसार पहले से ही कोई चीज़ निकाली जा सके या जादू से उगाई जा सके। यह इससे अधिक और कोई दावा नहीं करती कि सामान्यतः अनिश्चितता की निर्धारित सीमाओं के अंदर-अंदर भविष्य के संबंध में पूर्वसूचना दी जा सकती है। और चूँकि कुछ अनिश्चितताएँ हैं इसलिए यह मशीन कभी-कभी ग़लत भी हो सकती है।

हमें यह बात याद रखनी चाहिए कि सामान्यतः कभी-कभी पूर्वसूचना ग़लत भी होती है। हमारा उद्देश्य स्वभावतः यह होता है कि जहाँ तक हो सके ये पूर्वसूचनाएँ ठीक ही हों और कम-से-कम ग़लत हों। किंतु पूर्वसूचनाएँ,

चाहे वे अक्सर ग़लत ही क्यों न हों, लाभदायक होती हैं। आज हम मौसम संबंधी पूर्वसूचनाओं का मज़ाक उड़ाते हैं किंतु लड़ाई के समय उन्हें गोपनीय रखना आवश्यक था। और क्रम-विकास जैसी मुख्य प्रक्रियाओं में ग़लत पूर्व-सूचना बहुत महत्त्वपूर्ण होती है। जनन-कारक (genetic factors) जो किसी जाति में तब भी विद्यमान रहते हैं, जबकि इनका प्रभाव उसे अपने पर्यावरण के कम अनुकूल बनाता है, पूर्वसूचना में एक प्रकार की भूल अथवा शेष त्रुटि हैं। फिर भी; इन कारकों के बिना वह जाति अपने-आपको नए परिवर्तनों के अनुसार ढाल नहीं सकती। संभवतः शास्त्रास्त्रों से पूरी तरह सुसज्जित कुछ दैत्य भविष्य में अनुकूलनीयता के साधनों के अभाव में ठीक इस प्रकार समाप्त हो गए जैसे कि सफ़ेद चूहों के विशुद्ध प्रभेद (strains) प्रयोगशाला के बाहर आते ही समाप्त हो जाएँगे जिनका प्रयोगशाला के कार्य के लिए अत्यधिक परिपूर्णता के साथ पालन-पोषण किया जाता है। प्रयोग की क्षमता में असंगति और लचकीलेपन का तत्त्व भी होना चाहिए ताकि वह क्षमता परिवर्तन के भी योग्य हो सके। जब बोलिंगब्रोक और पेली ने यह सिद्ध किया कि मनुष्य बिल्कुल एक ऐसी घड़ी के समान है जो पूरी तरह से ठीक-ठीक काम करती है तो उनके मन में और विकास का कोई विचार नहीं था। उनके लिए अठारहवीं शताब्दी स्वभावतया विकास की पराकाष्ठा और प्रकृति के इतिहास में विराम का क्षण था।

इसके विपरीत हमने यह बात सीखी है कि यह संसार गतिशील है और इसमें परिवर्तन होते रहते हैं। आज हमें अपनी त्रुटियों का अधिक स्पष्ट ज्ञान है किंतु हमने घबरा कर कहीं हाथ-पैर छोड़ना नहीं सीखा। भविष्य के संबंध में जो बात किसी जगत् पर लागू होती है वही बात किसी व्यक्ति के बारे में कही जा सकती है। दोनों ही पूर्वसूचना देने वाली मशीन की तरह लगातार संशोधन द्वारा अपने-आपको भविष्य के अनुकूल बनाते हैं। यह तो यत्न और भूल की प्रक्रिया है। यही वह प्रक्रिया है जिसे हम सीखना कहते हैं और भूलें भी इस प्रक्रिया का उतना ही अंग हैं जितनी कि उसकी सफलताएँ। यदि आप किसी चुहिया को किसी चक्कर में डाल दें और वह पहली बार में ही उससे निकल आए तो इसका मतलब यह नहीं कि उसे उस चक्कर में से निकलना आ गया है। वह तब तक नहीं सीख सकती, जब तक कि वह कुछ

भूलें नहीं करती और उनसे बचना नहीं सीखती। संभव है कि एक चुहिया दूसरी से जल्दी भूलों से बचना सीख जाए किंतु मनोवैज्ञानिक प्रयोगशाला की अच्छी-से-अच्छी चुहिया भी बिना भूलें किए नहीं सीख सकती।

सीखने की प्रक्रिया हमारे जीवन के लिए अनिवार्य है। ऊँची किस्म के सभी पशु ऐसा जानबूझ कर करते हैं। वे जिज्ञासु होते हैं और प्रयोग करते हैं। प्रयोग एक प्रकार से किसी क्रिया का सरल प्रयत्न है जो हमें वास्तविक दुनिया में करनी पड़ती है; और यह क्रिया चाहे वैज्ञानिकों द्वारा प्रयोगशाला में की जाए या लोमड़ी के बच्चों द्वारा बाहर मैदान में। वैज्ञानिक प्रयोग करता है और बच्चा खेलता है; दोनों ऐसे वातावरण में अपनी भूलों को सुधारना सीखते हैं जिनमें भूल करना घातक नहीं होता। संभवतः यही कारण है कि जिससे दोनों को अपने कार्यों में प्रसन्नता और स्वतंत्रता का अनुभव होता है।

इसलिए हमें यह बात निश्चित रूप से समझ लेनी चाहिए कि पूर्वसूचनाएँ कभी-कभी ग़लत भी होती हैं। हम इसी के कारण व्यक्तिगत और जातिगत रूप से सीखते हैं और वैज्ञानिक का भी मार्ग यही है। आज से तीन सौ से अधिक वर्ष पूर्व हमारे विज्ञान के प्रारंभ के समय ठीक यही कदम गेलीलियो और फ्रांसिस बेकन ने उठाया था। जब तक उन्होंने वैज्ञानिक क्रांति का चक्र नहीं चलाया था, तब तक लोगों के मन में वही मध्यकालीन धारणा काम कर रही थी कि प्रकृति के कार्यों को केवल बौद्धिक अंतर्दृष्टि से जाना जा सकता है। गेलीलियो और बेकन ने तर्क की इस दलील के साथ वास्तविकता की एक नई दलील जोड़ दी। तब से वैज्ञानिक विवरण की अंतिम कसौटी आनुभाविक रही है अर्थात् क्या यह वस्तुस्थिति के समान है ? इसलिए यद्यपि वैसे ही विज्ञान का प्रादुर्भाव ज्ञान की एक प्रक्रिया के रूप में हुआ है, क्योंकि अनुमान लगाने में वास्तविकता की दलील देना अपने-आप में गलती की संभावना को स्थान देना है। विज्ञान अविरत स्वयं संशोधन की प्रक्रिया में अपने-आप एक पूर्वसूचक व्यवस्था है। टालेमी से लेकर न्यूटन तक के खगोल-विज्ञान और फिर सापेक्षता तक सभी सोपान निश्चित रूप से ज्ञान के चरण हैं; प्रत्येक सोपान पूर्वसूचना और वास्तविकता के बीच की छोटी-सी त्रुटि को ठीक करता है। पहले हमें अपनी त्रुटियों की ओर घृणा की दृष्टि से नहीं

देखना चाहिए, ये तो वे आलंब हैं जिन पर जीवन-चक्र घूमता है। ठीक उसी समय जब पेली मानव घड़ी-जैसी परिपूर्णता में ईश्वर के प्रयोजन की खोज कर रहा था, विलियम ब्लेक ने बड़ी नम्रता किंतु अधिक गहराई के साथ यह कहा था, भूल करना और निकाला जाना दोनों ही ईश्वर के प्रयोजन का एक अंग हैं।

7

बुनियादी विचार जो मैं अब तक प्रस्तुत करता रहा हूँ वे इस प्रकार हैं, प्रत्येक सजीव कार्य विकल्प का कार्य है। इसका लक्ष्य भविष्य होता है। इस कार्य में हम जिस मशीन की कल्पना करते हैं, वह पूर्वसूचक यंत्र है जो अनुमित भविष्य के अनुसार अपने को ढालने के लिए सूचकों के रूप में अतीत और वर्तमान की सूचनाओं की व्याख्या करता है। और व्याख्या तथा अपने को ढालने की क्रिया को त्रुटियों से बिल्कुल रहित नहीं किया जा सकता; क्योंकि ज्ञान की प्रक्रिया के लिए त्रुटि अनिवार्य है।

जिस प्रकार मनुष्य व्यक्तिगत रूप से सीखते हैं, जिस प्रकार जातियाँ अपने आपको ढालती हैं और जिस प्रकार विज्ञान कार्य करता है—इन सबके बीच एक स्पष्ट समानता है। किंतु मैं यह अवश्य मानता हूँ कि यह कोरी समानता है; यह सच्चा और निकट का संबंध है क्योंकि विज्ञान कोई विशेष क्रिया नहीं। यह मानवीय क्रिया का एक ही रूप है। इटली का कोई निवासी जब न्यूयॉर्क जाता है तो वह जल्दी ही नाश्ते के लिए कारख़ाने में बना अनाज खाना सीख जाता है। इस बात के लिए हमारे पास बहुत प्रमाण हैं कि अनाज खाने वाले लोग प्राकृतिक चुनाव के धीमे कार्य द्वारा अपने जबड़ों को अपने भोजन के अनुकूल बना रहे हैं। किंतु इन सीमाओं के बीच वैज्ञानिक विकास की मानवीय क्रिया विद्यमान है। अनाज के नाश्ते का आविष्कार और उसे लोकप्रिय बनाना स्वयं कई समस्याओं के उस जाल का वैज्ञानिक हल है जो बिस्तर से उठने और गाड़ी पकड़ने के बीच समय को कम करने से लेकर उत्तर अमेरिका में अत्यंत सुलभ भोजन का पूरा-पूरा उपयोग करने तक फैला है।

पूर्वसूचना और अनुकूलन की प्रणाली के रूप में व्यक्तियों और जातियों

की अपेक्षा विज्ञान में यह विशेषता है कि यह एक ऐसी पद्धति है जो चेतन अवस्था में एक ही समाज में पाई जाती है। फिर इसका अभिप्राय यह हुआ कि विज्ञान अनिवार्य रूप से संचारी और सुव्यवस्थित होना चाहिए। सूचक और पूर्वसूचनाएँ दोनों ही प्रत्येक व्यक्ति में समान रूप में होनी चाहिए। मेरे विचार में दार्शनिक घोड़े के आगे गाड़ी रखते हैं, जब वे यह कहते हैं कि विज्ञान विभिन्न व्यक्तियों के समान अनुभवों को चुनकर एक नई दुनिया का निर्माण करता है। इसके विपरीत, विज्ञान की रीति में वास्तविक और समान दुनिया की बात निहित है और इसमें यह बात पहले ही मान ली जाती है कि प्रत्येक व्यक्ति, जो इस दुनिया का एक अंग है, अपने पर पड़ने वाले प्रभाव में एक प्रकार का संशोधन करता है जिसे हम उसका व्यक्तिगत अनुभव कहते हैं। हम अपने अनुभवों के आधार पर किसी दुनिया का निर्माण नहीं करते बल्कि अपने अनुभवों में हम दुनिया के अस्तित्त्व से जागरूक रहते हैं। विज्ञान अनुभवों को बताने वाली भाषा नहीं बल्कि संसार को बताने वाली भाषा है।

विज्ञान की पूर्वसूचनाओं की सबसे बड़ी विशेषता यह है कि वे इधर-उधर के अनुमानों का समूह नहीं होतीं। विज्ञान घटनाओं को क्रम प्रदान करने का एक तरीका है, यह प्रत्येक पूर्वसूचना के आधार के लिए नियम की खोज करता है। यही एक बात है जो विज्ञान के चित्र को पूरा करती है—विज्ञान की पद्धति सुव्यवस्थित है क्योंकि वह पूर्व सूचना की व्यवस्था की खोज करता है। विज्ञान का उद्देश्य किसी विशेष उदाहरण को सामान्य नियम के ढाँचे पर खड़ा करके क्रमबद्ध करना है।

मैं इस बात को फिर दुहराना चाहता हूँ कि मैंने विज्ञान के संबंध में जो कुछ कहा है वह विज्ञान के लिए अनोखी बात नहीं। सभी मनुष्यों का आचरण इस बात पर आधारित होता है, जिसे लोग व्यक्तिगत रूप में सामान्य नियम कहते हैं। मानवीय पूर्वसूचक सूचकों को पहचान कर उनकी व्याख्या करता है। पहचानने की यह क्रिया सूचक को किसी सामान्य श्रेणी में रख देती है। तब हम यह अनुमान लगाते हैं कि यह भविष्य उन भविष्यों के साथ मिलता-जुलता भी होगा जो ऐसे सूचकों के बाद हुए हैं और ऐसे ही भविष्य के लिए हम तैयारी करते हैं। हम कोई मुगदर देखते हैं और उन्हें उठाने के लिए कमर कसते हैं और जब वे गत्ते के बने निकलते हैं तो हमें जो धक्का

पहुँचता है वह बड़ा अप्रिय लगता है क्योंकि हमें उसकी आशा नहीं होती। विज्ञान के सामान्यीकरणों के विषय में अजीब बात यह नहीं है कि उनका क्षेत्र बहुत व्यापक होता है और उनमें ऐसे तथ्य आ जाते हैं जो किसी एक व्यक्ति की प्रवृत्तियों से दूर होते हैं। यह एक वास्तविक अंतर तो है किंतु यह अनिवार्य अंतर नहीं। अनिवार्य अंतर तो यह है कि विज्ञान के सामान्यीकरण स्पष्ट होते हैं। और इससे सीधे ही यह बात निकलती है कि विज्ञान संचारी है। किसी भी व्यक्ति को अपनी प्रवृत्तियों अर्थात् अपने सामान्यकरणों की सूची बनाने की आवश्यकता नहीं क्योंकि उसे उनको किसी दूसरे व्यक्ति तक पहुँचाने की आवश्यकता नहीं होती। यदि उसे किसी अन्य व्यक्ति से मिलने की कभी भी आशा नहीं होती तो भी वह भविष्य का अनुमान लगाने की प्रवृत्तियाँ वर्तमान सूचनाओं के आधार पर ही बनाएगा। रॉबिन्सन क्रूसो ने ऐसा ही किया था; और डेफो ने यह बात दिखाने-समझाने में एक विशिष्ट मनोवैज्ञानिक अंतर्दृष्टि का परिचय दिया है जब वह उस उथल-पुथल का वर्णन करता है जिसमें क्रूसो पदचिह्न देखकर फँस जाता है। वह इसलिए नहीं होता कि क्रूसो को अन्य लोगों से डर लगता था बल्कि इसलिए कि वे लोग अब उसके विचारों की दुनिया में नहीं रहे थे। यद्यपि हम यह बात विश्वासपूर्वक नहीं कह सकते, किंतु संभव है कि कुछ जानवरों में संचार का कोई माध्यम न हो; फिर भी यह निश्चित है कि उनकी कुछ प्रवृत्तियाँ होती हैं।

विज्ञान के नियमों की स्पष्टता ही इसे एक भिन्न क्रिया बनाती है। और संचार ही विज्ञान को यह विशेषता प्रदान करता है। संपूर्ण समाज को विज्ञान की जानकारी होनी चाहिए—यद्यपि समाज अपने श्रम को बाँट दे और उसकी ज़िम्मेदारी कुछ व्यक्तियों पर डाल दे। विज्ञान के नियम भविष्य के संबंध में पूर्वसूचना और अनुकूलन के ऐसे सिद्धांत हैं जो संपूर्ण समाज पर लागू होते हैं और समाज के सभी सदस्य इन सिद्धांतों को सीख सकते हैं। विश्वव्यापी लाभ और स्पष्ट बात—इन दोनों अपेक्षाओं की तुरंत पूर्ति की आवश्यकता ही के कारण विज्ञान द्वारा निर्मित संसार हमारे निजी अनुभवों को अनोखा प्रतीत होता है। व्यक्तिगत रूप से हम संसार की कोशिकाओं, सह प्रकिण्वों, मेसानों, ज़ीनों और वक्र अवकाश में विश्लेषण नहीं करेंगे क्योंकि वह किसी व्यक्ति के निजी अनुभवों का विश्लेषण नहीं होगा। व्यक्ति के निजी अनुभव

का विश्लेषण बर्कले, ह्यूम, मेक्टेगार्ट और मूर के प्रवचनों का विषय है। जिनके दर्शन सिद्धांत किसी एक व्यक्ति विशेष के मस्तिष्क के किसी कोने से आरंभ होते हैं। इस बात पर आश्चर्य प्रकट करने का कोई कारण नहीं कि विज्ञान और दर्शन में तब से परस्पर संपर्क कम होता जा रहा है जब से वे अलग-अलग विषयों को व्यक्त करने लगे हैं। जब हम व्यक्तिगत अनुभवों की यादृच्छिक घटबढ़ के पीछे समान संसार की खोज करते हैं तो हमें नाभि, ऊर्जा और केंद्रीय तंत्रिका-तंत्र मिलते हैं, और उनके अजीब-अजीब गुण उस मूल्य का ही भाग हैं जो हमें उन्हें स्पष्ट करने के लिए चुकाना पड़ता है। दुनिया हमारे अनुभवों पर ऐसे प्रभावकारी होती है कि इसे हम अप्रत्यक्षतः प्रयोजन, अभिप्राय, कारण और प्रभाव के रूप में पहचानते हैं और हम सबके अनुभव के सन्निकटीकरणों के रूप में ये अत्यंत उपयोगी सिद्ध होंगे किंतु जब हम उस वास्तविक संसार का जो हमारे अनुभवों का आधार होता है, विस्तृत वर्णन करने के लिए इस भाषा को परिमार्जित करने का प्रयत्न करते हैं तो हमारे सम्मुख भाषा की कठिनाई आ जाती है। कोई स्पष्ट विवरण, कोई संचारी भाषा ऐसे सामान्यीकरणों का निर्माण नहीं कर सकती जो उन व्यक्तियों के समान पारस्परिक मतैक्यों से अधिक यथार्थ हो जो उन्हें काम में लाते हैं। अतः हम कोई भी ऐसे वैज्ञानिक विषय नहीं बना सकते जिनकी अंतिमता उन मापों और नियमों से अधिक हो जिन्हें हम जानते हैं। पूर्वसूचना के हमारे नियम हमारी मानवीय और अनिवार्य त्रुटियों द्वारा सीमित होते हैं। यह कोई शोचनीय बात नहीं है; यह अन्य त्रुटियों से, जो हमें मनुष्य बनाती है, अधिक कुछ और नहीं; भूख और महत्त्वाकांक्षा से अधिक दुःखद नहीं। मानवीय समाजों के पीछे यही प्रकृति और प्रेरणा-शक्ति कार्य करती है, और मैंने यह सिद्ध कर दिया है कि विज्ञान के नियमों की त्रुटि में ये दोनों बातें भी शामिल होती हैं।

8

मैंने इस अध्याय में जो मानचित्र खींचा है उसका आधार वर्तमान और भविष्य का पारस्परिक संबंध है। यह बात तो ऐसे हुई जैसे मानो भविष्य हमारा उत्तरी और ध्रुव नक्षत्र हो। जो जीवन में और विज्ञान में, क्रिया और विचार को उनकी दिशा और उनका स्वरूप प्रदान करता है। इसलिए मुझे उन कठिनाइयों

की अधिक चिंता नहीं जो बौद्धिक अनुमान या आगमन की प्रक्रिया को युक्तिसंगत बनाने के प्रयत्न के दौरान दार्शनिक के सम्मुख आती हैं। दार्शनिकों ने भविष्य के विषय में आगमन को वही दर्जा देना चाहा है जो ज्यामिति जैसे समयहीन विज्ञान में निगमन का है। और जैसा कि मैंने पहले ही कहा है, जैसे ही निगमन के सिद्धांत को किसी ऐसे विज्ञान के संबंध में काम में लाया जाता है जिसमें समय का भी हिसाब रखा जाता है तो निगमन का दर्जा आगमन से ऊँचा नहीं रहता।

किंतु सामान्यतः दार्शनिक और साधारण व्यक्ति जब अनुमान लगाने लगते हैं तो अतीत और वर्तमान को ज्ञान का ठोस आधार मानकर चलते हैं। यह बात दो कारणों से उपयोगी नहीं। पहला कारण तो यह कि हमें अपने अनुभव का केवल अतीत और वर्तमान ही पता होता है। वह असली दुनिया जिसमें हम दूसरों के साथ रहते हैं, अतीत और वर्तमान में भी उतनी ही रहस्यमयी थी जितनी कि भविष्य में होगी। दूसरे, ऐसा सोचना भूल है कि विचारों की मूल प्रक्रिया ज्ञात पर फिर से विचार करना है; और यह कि भविष्य की ओर देखने की बात को भी इसी से उचित ठहराया जाना चाहिए। यह तो जीवन की प्रक्रिया के बिल्कुल विपरीत है। भविष्य की आशा करना तो मूल कार्य है; बच्चे जन्म से पूर्व ही ऐसा करने लग जाते हैं। अतीत और वर्तमान का विश्लेषण एक सहायक प्रक्रिया है जिसका प्रयोजन यही है कि हम भविष्य के सूचकों को पहचानना और उनका अर्थ निकालना सीख जाएँगे। यह कहना हास्यास्पद है कि भविष्य का अतीत से ताल-मेल होना चाहिए। इससे तो प्रश्न ही उलट जाता है और बात निरर्थक हो जाती है, हमने अतीत से जो सीखा है वह केवल इसलिए ज्ञान है क्योंकि भविष्य उसे सत्य सिद्ध करता है।

भविष्य में आगमन की पद्धति के विषय में युक्तिसंगत रूप से केवल एक ही प्रश्न पूछा जा सकता है। एक पूर्वसूचना के स्थान पर दूसरी पूर्वसूचना चुनने के लिए हमारे पास कौन सा आधार है ? हम ऐसी परिस्थितियों में जिनमें हम जिस भविष्य की प्रत्याशा करते हैं वह अनिश्चित रहता है चाहे हम कोई-सा मार्ग अपनाएँ, तो हम एक की बजाय दूसरा मार्ग क्यों अपनाते हैं ? यह कह देना पर्याप्त नहीं कि एक पूर्वसूचना में दूसरी की अपेक्षा अधिक अनिश्चितता है; क्योंकि प्रत्येक वैज्ञानिक नियम की भाँति ऐसा सोचने में इन पूर्वसूचनाओं

में न सही इनसे अधिक बुनियादी पूर्वसूचनाओं में एक प्रकार की अधिमान अभिरुचि विद्यमान है। और ऐसा सोचने से भी काम नहीं चलेगा कि एक पूर्वसूचना दूसरी पूर्वसूचना से अधिक सच्ची सिद्ध हुई; क्योंकि अगला क्षण पिछले जैसा नहीं होता और वास्तव में इस प्रकार इनकी तुलना करने का कोई तरीक़ा नहीं है। वस्तुस्थिति ऐसी नहीं, हमारी अधिमान अभिरुचि पूर्वसूचनाओं में से किसी एक के लिए नहीं वरन् पूर्वसूचना देने के तरीक़ों में से किसी एक के लिए है। वास्तव में हम एक पूर्वसूचना को दूसरी पूर्वसूचना की अपेक्षा तरजीह नहीं देते बल्कि हम एक वैज्ञानिक नियम की अपेक्षा दूसरे वैज्ञानिक नियम को तरजीह देते हैं। और इन नियमों को घटनाओं के विपरीत अतीत के प्रमाणों द्वारा तोला जा सकता है—यद्यपि हमें अतीत शब्द से सावधान रहना चाहिए। वास्तव में इससे हमारा अभिप्रायः 'अन्य' अवसरों द्वारा है जिन पर इन नियमों के अनुसार हमने भविष्य की पूर्वसूचना दी थी।

ऐसी सभी समस्याओं के विषय में दार्शनिकों और साधारण व्यक्तियों को जिन कठिनाइयों का सामना करना पड़ा है उनमें से एक कठिनाई यह है कि भविष्य के संबंध में उनके विचार बहुत स्थैतिक हैं। वे भविष्य को अतीत और वर्तमान की भाँति समय की लाल दरी रूपी असीम लड़ी का भाग समझते हैं जो हमारे सामने खुलती है और हमारे पीछे बंद होती है। उनके विचार में भविष्य केवल वर्तमान की भाँति है; बस यहं वर्तमान की अपेक्षा किसी और समय होता है। इस भूल का स्रोत न्यूटन की समय संबंधी धारणा है जिसकी कोई दिशा नहीं थी और यह समय पीछे भी जा सकता है। किंतु पिछली शताब्दी से एक ऐसी भौतिक विशेषता हमारे सामने आई है जिसने समय को एक दिशा प्रदान की है। यह विशेषता है, यदि आप तुंड से निकलने वाली गैस को देखें तो आप बिना तुंड देखे ही यह बता सकते हैं कि गैस का कौन सा भाग पहले निकला है और कौन सा बाद में। गैस का जो भाग पहले निकल गया था वह अब अधिक अस्त-व्यस्त है और उसके अणु अब इधर-उधर भटकते रहते हैं। अब उनकी वह दिशा नहीं रही जो तुंड ने निर्धारित की थी। अतः समय के बीतने का विश्व पर यह प्रभाव पड़ा है कि भौतिक दृष्टि से यह अधिक अस्त-व्यस्त या यादृच्छिक हो गया है। इस संबंध में यह महत्त्वपूर्ण है कि यह स्वयं संयोग का एक प्रभाव है, किंतु फिर भी यह समय

के और उसके साथ कारण तथा प्रभाव को उसकी दिशा प्रदान करता है।

किंतु सबसे आवश्यक बात यह है कि इससे भविष्य और अतीत के भेद का पता चलता है। भविष्य के संबंध में यही एक सामान्य नियम है जिससे हम परिचित हैं। हम यह नहीं जानते कि हम इसे कैसे समझते हैं; किंतु यह निश्चित है कि हम इसे समझते हैं। वस्तुतः जीवन की अनिवार्य विशेषता यह है कि यह वर्तमान के विपरीत होता है। जीवन प्रतिक्षण अधिक से अधिक क्रमबद्ध होता जाता है जबकि भौतिक संसार अधिक अस्तव्यस्तता की ओर अग्रसर होता जा रहा है। एक बार हम यह बात समझ लें कि भविष्य के अपने विशेष गुण हैं जो उसे वर्तमान से अलग करते हैं तो ताश के एक अनदेखे पत्ते के बारे में बताना बुद्धि ह्यता की सीमा से परे नहीं रह सकता। अलग से हमारा अभिप्राय सांख्यिकीय दृष्टि से अलग होने का है, क्योंकि भविष्य सांख्यिकीय दृष्टि से वर्तमान से भिन्न है। अनुमान केवल तभी अस्पष्ट होगा कि वह हमेशा ठीक हो।

सत्य और मूल्य

वे लोग, जो अपने संसार में विज्ञान द्वारा लाए गए परिवर्तनों से द्रवित होते रहते हैं, केवल तकनीकी परिवर्तनों—जैसे हवाई जहाज़, बम, समाचार-पत्र पढ़ने की प्रवृत्ति, घरेलू सुख-सुविधाओं और संगीत के स्थान पर टेलीविज़न की ओर झुकाव को ही महत्त्व देते हैं किंतु इन परिवर्तनों के पीछे हमारे मन में स्कूल के दिनों की सामाजिक प्रवृत्तियों और चिंतन की नई प्रवृत्तियों के बीच गंभीर मतभेद विद्यमान है। हमारे अपने व्यवहार में एक द्विपक्षिता है जिसमें एक ओर तो वह पक्ष है जिसे हमें बहुत समय से महत्त्व प्रदान करना सिखाया गया है और दूसरी ओर है सांसारिक सफलता। इसके फलस्वरूप हम परेशान रहते हैं। प्रतिदिन हमारे सम्मुख ऐसे कार्य आते रहते हैं जिनके संबंध में हमें स्वयं अपनी आचार-संहिता के कारण शर्म आती हैं किंतु यदि हमें समाज की प्रत्यक्ष परिस्थितियों का सामना करना है तो हमें ऐसे कार्य करने पर विवश होना पड़ता है।

इस दरार के लिए हम तब तक विज्ञान को जान-बूझ कर दोषी नहीं ठहराते जब तक विज्ञान कोई अनिवार्य चुनौती प्रस्तुत न करे जैसी कि उसने परमाणु बम के रूप में की है। किंतु यह गंभीर समस्या प्रतीक मात्र है। हमारे सभी कार्यों के पीछे एक बहुत बड़ा प्रश्नचिह्न है। आज तक हमें जो बात सही बताई गई है, और ऐसी बात जो प्रत्यक्षतः सफल होती है–इन दोनों में से हम किसको चुनें ? और जैसे-जैसे विज्ञान में हम इसका अधिक-से-अधिक प्रयोग करते जाते हैं, सफलता की यह आनुभविक कसौटी अत्यावश्यक बनती जाती है। आनुभविक प्रवृत्ति विज्ञान में भी परंपरागत मान्यताओं को अधिक समय तक टिकने नहीं देती। और पिछले छः सौ वर्षों से यह प्रवृत्ति अच्छे तथा उचित आचार की हमारी मान्य संहिताओं को बदलने में लगी हुई है।

निस्संदेह विलियम आफ आखम (William of Ockham) के समय से ये संहिताएँ वैसी की वैसी नहीं चली आ रहीं। अच्छाई के आदर्शों में धीरे-धीरे किंतु महत्त्वपूर्ण परिवर्तन हुए हैं और वे भी एक ही चर्च के अंतर्गत। स्पष्ट है कि पुनर्जागरण काल के आदर्श वे नहीं थे जो उससे पूर्व चर्च के पादरियों के थे। हाल ही में प्रोटेस्टेंटों के गुण कैथालिकों के गुणों से भिन्न हैं। यद्यपि स्वयं उनमें भी परिवर्तन आ गया है। 1891 में पोप द्वारा 'रेरम नौवारम' (Rerum Novarum) लिखने से पूर्व ही उचित मूल्य का सिद्धांत काफ़ी बदल चुका था। उन्नीसवीं शताब्दी के प्रारंभ में मैथाडिस्टवाद में ईसाई धर्म के गुणों का जो रूप बदला वह हमारे सामने हैं। किस प्रकार चुपचाप दान और दयालुता के स्थान पर सामाजिक दृष्टि से महत्त्वपूर्ण गुणों– मितव्यय, गंभीरता, अल्प व्यय और स्वतंत्रता जैसे गुणों पर बल दिया जाने लगा है। अतः आज हम संक्रमण काल में से गुज़र रहे हैं। यह इसलिए नहीं कि हमने सिद्धि का कोई प्राचीन परम सिद्धांत त्याग दिया है बल्कि इसलिए कि प्रत्येक युग की भाँति हमारा युग भी अपनी अंतरात्मा की पुनः खोज करने का प्रयत्न कर रहा है।

केवल विज्ञान ही यह हलचल नहीं कर रहा। इस पुस्तक में मैंने यह बात बार-बार कही है कि विज्ञान विशाल मानवीय गतिविधि का एक विशिष्ट भाग है। पिछले अध्याय में मैंने बड़े परिश्रम से यह बात समझाने का प्रयत्न किया है कि वैज्ञानिक पद्धति सब प्रकार के मानवीय अन्वेषणों की ही पद्धति है। इसकी विशेषता केवल यह है कि यह स्पष्ट और सुव्यवस्थित है। जब

हम उचित निर्णय और शुद्ध आचरण की समस्याओं पर विचार करते हैं तो यह बात और भी महत्त्वपूर्ण हो जाती है। आज तक कोई भी महान् पुस्तक या महान् कलाकृति ऐसी नहीं हुई जिसे पुरानी परंपराओं को मानने वालों ने अनैतिक न समझा हो। आज भी यहूदी बाइबल के नये टेस्टामेंट को और ईसाई क़ुरान को अनैतिक मानते हैं। सेवनरोला (Savanarola) के विचार में फ्लोरेंस की कला कामुक थी और पिछली शताब्दी में जब जॉर्ज इलियट ने उसके संबंध में लिखा तो उसने सेवनरोला को कामी समझा और जॉर्ज इलियट के विषय में उसके आलोचकों की यही धारणा थी। आज सिडनी की 'अपालोजी फॉर पोइट्री' और शैली की 'डिफेंस ऑफ पोइट्री' स्कूलों में पाठ्य-पुस्तकें है। किंतु एलिज़ाबेथ प्रथम के काल में कला के विकास के कुछ ही समय पूर्व सिडनी साहित्य की इस आरोप से रक्षा कर रहा था कि साहित्य मनुष्यों में भ्रष्टाचार फैलाता है और शैली की कविताओं को बेचने के अपराध में अनेक नर-नारियों को जेल जाना पड़ा था। स्विफ्ट के लेखन की तीखी शैली खटकती थी क्योंकि वह महारानी एन की धार्मिक पचेतनाओं के प्रतिकूल लिखता था। हमारे अपने समय में थॉमस हार्डी, जेम्स जायस और डी. एच. लारेंस पर नैतिकता का उल्लंघन करने और उसे क्षति पहुँचाने का आरोप लगाया गया है। तो भी बहुत बड़ी संभावना इस बात की है कि उनकी कृतियाँ जीवित रहेंगी जबकि उस काल के चालाक तथा वास्तविक आलोचक भुलाए जा चुके होंगे।

कई बार कला के नए दृष्टिकोण पर जो आरोप लगाया जाता है उसका आधार कुछ भिन्न होता है। लोग किसी पुस्तक या चित्र को अनैतिकता के आधार पर हानिकारक नहीं ठहराते, बल्कि इसलिए कि उसमें किसी प्रकार की नैतिकता है ही नहीं। इसी प्रकार नैतिकता के आधार पर राफेल (Raphael) की और व्हिसलर (Whistler) तथा अन्य पूर्व-राफेलवादियों की आलोचना की जाती थी। साहित्य में रूसी उपन्यासकारों और नाटककारों की अन्य अनेक कृतियों के साथ-साथ टॉलस्टॉय की 'एन्ना कारनीना' को भी निनैतिक कहा गया; और पुनःस्थापन से आस्कर वाईल्ड और बर्नार्ड शा तक ऐसे अंग्रेज़ नाटककारों की सूची बहुत लंबी है जिन पर यह आरोप लगाया गया है कि उनमें नैतिक तत्त्व का अभाव है।

2

यही वह आरोप है जो आमतौर पर विज्ञान पर लगाया जाता है। यह कोई नहीं कहता कि विज्ञान सक्रिय रूप में नैतिकता-विरोधी है बल्कि यह आरोप लगाया जाता है कि इसमें किसी प्रकार की नैतिकता ही नहीं। इसका तात्पर्य यह है कि विज्ञान, उन लोगों में जो उसे व्यवहार में लाते हैं, नैतिकता के प्रति उपेक्षा की भावना पैदा कर देता है जो कुछ समय बाद उनमें उचित निर्णय की क्षमता तथा शुद्ध आचार की लगन को दुर्बल बना देती है।

विज्ञान के प्रति यह आरोप मुझे उतना ही झूठा लगता है जितना कि यह कला के लिए है। कोई भी व्यक्ति जो 'एन्ना कारनीना' के विषय में विचार करता है, यह नहीं मानता कि इसमें कोई नैतिकता नहीं है और इस पुस्तक में कथा की नायिका, उसके पति और उसके प्रेमी के जटिल क्रिया-कलापों के संबंध में कोई निर्णय नहीं दिया गया है। इसके विपरीत हम यह महसूस करते हैं कि यह पुस्तक तीन प्रेमियों की कथा पर आधारित सैकड़ों परंपरागत उपन्यासों से कहीं अधिक चिंतनशील तथा हृदयस्पर्शी है क्योंकि इसमें उन शक्तियों के प्रति अधिक धैर्य, अधिक बोध और अधिक मर्मस्पर्शी पैनी दृष्टि का बोध होता है जिनसे इस पुस्तक के नर एवं नारी पात्रों को संघर्ष करना पड़ता है। यह कोई रूढ़िवादी पुस्तक नहीं, सच्ची पुस्तक है। सच्ची से हमारा अभिप्राय यह नहीं कि उसका समाचारपत्र में किसी निराश स्त्री द्वारा गाड़ी के नीचे आकर मर जाने की घटना से सांयोगिक मेल है। इससे हमारा अभिप्राय यह है कि टॉलस्टॉय लोगों तथा घटनाओं को समझता था और उनमें व्यक्तित्व, भावना, परम्परा और बाहरी प्रभाव के द्वंद्व को अच्छी तरह से देख सकता था। आज हम किसी ऐसे नीतिशास्त्र और ऐसी मान्यताओं का आदर नहीं करते जो इनमें व्यक्त सच्चाई को स्वीकार नहीं करते।

नैतिकता की ऐसी कोई भी प्रणाली नहीं है जो सच्चाई और ज्ञान और इनसे भी अधिक स्वयं मनुष्य के बारे में स्पष्ट ज्ञान को अत्यधिक महत्त्व न देती हो। इसलिए यह बड़ी विचित्र बात है कि विज्ञान को निर्नैतिक कहा जाए और वही लोग ऐसा कहें जो अपने जीवन में सच्चाई को बहुत महत्त्व देते हों। विज्ञान के विरुद्ध चाहे जो कुछ भी कहा जाए, किंतु इस बात से इंकार नहीं किया ज़ा सकता कि अंततः विज्ञान हर चीज़ को एक ही कसौटी पर

परखता है और वह है उस चीज़ की सच्चाई। यदि कोई प्रणाली जो लाओ-त्से और पिल्ग्रिम फादर्स से भी अधिक सच्चाई का ध्यान रखने का दावा कर सकती है तो वह निश्चय ही विज्ञान की प्रणाली है।

किंतु उनके सत्य तथा अन्य मानवीय मूल्यों का ऐसा सरल वर्णन नहीं किया जा सकता। हमें अपने चारों ओर देखकर यह विचारना होगा कि क्या नीतिशास्त्र में या विज्ञान में सच्चाई तथ्यात्मकता से आगे जाती है या नहीं। और सच्चाई की इस खोज को हम विज्ञान की एक विशेष कसौटी बना सकते हैं जो हमारे इस बड़े निश्चय का आधार बन सकती है कि क्या विज्ञान के वास्तव में अपने भी कोई मूल्य हैं ? किंतु इसका यह अभिप्राय नहीं कि हम साधारण-सी बात को भूल जाएँ। सच्चाई से उनका अभिप्राय और चाहे कुछ भी हो, जो लोग अपने आचरण और उसमें निहित महत्त्वों पर गर्व करते हैं वे सही अर्थों में सच्चे तौर पर इनका आदर करते हैं। उन्हें वास्तव में झूठ बोलते हुए या मन में झूठी बात लाते हुए लज्जा आती है। विज्ञान में भी सच्चाई के प्रति ऐसी ही उत्कृष्ट आस्था है। टी. एच. हक्स्ले संशयवादी था, क्लिफर्ड नास्तिक था और मैं कम-से-कम एक गणितज्ञ को जानता हूँ जो बदमाश है। किंतु इन सबके वैज्ञानिक विश्वास का आधार सत्य के प्रति दृढ़ आस्था और उसकी खोज की अनिवार्य उत्कंठा है। ये सब उपयोगिता की नीरस दलील को ठुकरा देते हैं जिस पर समितिगत प्रशासक की जीवनविहीन छाप लगी रहती है।

3

पिछले 30 वर्षों में दर्शन के एक ऐसे मत का विकास हुआ है जो सत्य के बारे में यह संकीर्ण दृष्टिकोण रखता है कि इसकी तथ्यात्मकता जाँची जा सकती है। इस मत के अनुसार कोई भी बात अर्थपूर्ण नहीं यदि उसे कम-से-कम सिद्धांत रूप से तथ्यात्मकता की कसौटी पर परखा नहीं जा सकता।

इस कसौटी से हमारी गंभीर चर्चा केवल उन्हीं विषयों तक सीमित हो जाएगी जिन्हें जन-साधारण वैज्ञानिक विषयों की संज्ञा देते हैं। और जिनकी ठीक-ठीक व्याख्या तथा जाँच की जा सकती है। इसमें मूल्यों, नीतिशास्त्र और भावनाओं जैसे विषयों के लिए कोई स्थान नहीं क्योंकि इसके अनुसार इन

विषयों पर विचार करने से सुख मिल सकता है और आनंद भी किंतु वास्तव में ये व्यर्थ हैं। इस दर्शन के अनुसार 'धर्म अपने आप में इस जीवन का परम फल है'—एक व्यर्थ-सी आनंद देने वाली बात है; इसकी दृष्टि में बुद्धिमान दार्शनिक केवल ऐसी बातों जैसे 'पानी हाइड्रोजन और आक्सीजन से बनता है' पर ही विचार करता है। यह ऐसा दर्शन है जिसके अनुसार विज्ञान अपने विरुद्ध लगाए जा रहे मूल्यविहीनता के आरोप के प्रत्युत्तर में यह कहता है कि मूल्य सर्वथा बेकार बात है।

किंतु जैसा कि प्रायः होता है जब दार्शनिक विज्ञान की रक्षा के लिए खड़े होते हैं तो विज्ञान, जिसकी वे रक्षा कर रहे होते हैं, बहुत पहले से ही पुराना हो गया होता है। व्यवहारवादी दर्शन-सिद्धान्त जिस अर्थपूर्ण और सच्चे आदर्श का प्रतिपादन करते हैं वह वास्तव में उन्नीसवीं शताब्दी का विचार है। अर्थ और सत्य के संबधं में यही वे विचार थे जो सौ वर्ष पूर्व जूल (Joule) के मन में थे जब उसने यह सिद्ध किया था कि ऊष्मा यांत्रिक ऊर्जा का ही रूप है। बाद में यही विचार हर्ट्ज़ (Hertz) के मन में थे जब उसने उन रेडियो तरंगों की खोज की जिनके अस्तित्व को क्लर्क मेक्सवेल के विद्युत चुम्बकीय क्षेत्र (Electro magnatic field) के समीकरण में निहित मान लिया गया था। सत्य की आधुनिक परिभाषा के अनुसार ऐसे विचार विज्ञान के लिए अपर्याप्त सिद्ध हो चुके हैं। अतः मूल्य और नीतिशास्त्र को इसी झाड़ू से दरवाज़े से बाहर फेंक देना, जिससे एक ही समय में विज्ञान और मानव-ज्ञान से छुटकारा मिल जाए, एक अजीब-सा काम है।

कई ऐसे आधार हैं जिनके कारण केवल युक्तियुक्त व्यावहारिकता से काम नहीं चलेगा; और इन आधारों में यह समानता है कि यह दर्शन-सिद्धांत कई भागों में बँटा है। इस सिद्धांत का प्रतिरूपण रसेल तथा व्हाईटहैड के साहसिक प्रयत्नों के आधार पर किया जाता है जिनमें उन्होंने गणित की सभी समस्याओं को, जिनमें आवर्तक और अनन्त जैसे दुर्गम विचार भी शामिल हैं, निश्चित संख्या में स्वयंसिद्धों की सहायता से हल करने की चेष्टा की। गणित का निर्माण विविक्त या आणविक प्रस्तावों द्वारा धीरे-धीरे होता था। तर्क-शास्त्र का यह एक महान् और महत्त्वपूर्ण कार्य था। किंतु यह कार्य अपने ही क्षेत्र में पूरा सफल न हो सका। तिस पर भी यह उन दोनों आचार्यों का

कीर्ति स्मारक है जिन्होंने इसका निर्माण किया था।

ज्ञान का इस प्रकार चित्रण करने में कि मानो वह विविक्त तथ्यों के टुकड़ों से बना हो, व्यावहारिक दार्शनिकों ने इन आचार्यों के प्रयास को आदर्श मान लिया। किंतु यदि गणित ही इस ढाँचे में ठीक नहीं बैठता तो स्पष्ट है कि आनुभाविक ज्ञान इसमें ठीक नहीं बैठेगा। हम सूचना के ऐसे विविक्त अंगों जैसे 'यह लाल है' से ज्ञान प्राप्त नहीं करते। मानव-मन ऐसे ऐन्द्रिय-अनुभवों से ज्ञान प्राप्त नहीं करता बल्कि वह ऐसे अनुभवों के समन्वित समूहों अर्थात् वस्तुओं से ज्ञान प्राप्त करता है। इसके अतिरिक्त मैं यह कैसे समझ सकता हूँ कि अब मैं जिस चीज़ को पुस्तक के रूप में देख रहा हूँ वह वही पुस्तक है जिसे मैं पन्ना उलटने से पहले देख रहा था। हमारा ज्ञान बच्चों के मकैनों खेल की भाँति छोटी-छोटी ढिबरियों और काबलों से नहीं बनता—यह अपने आप में मनोविज्ञान की एक समस्या है। लेकिन इससे भी कठिन समस्या और है, वह यह है कि हम अपने अनुभव को ढिबरियों और काबलों में नहीं बाँट सकते। यहाँ तक कि कोई ऐसी प्राक्कल्पना भी काम नहीं कर सकते जिसके अनुसार ज्ञान को आणविक प्रस्तावों में बदला जा सके।

ऐसा क्यों नहीं हो सकता, इसके तर्कसंगत कारण मैं पहले ही वर्णन कर चुका हूँ। यदि ऐसा हो जाए तो ज्ञान की इस आणविक दुनिया में कई ऐसे कथन रह जाएँ जो न तो सच्चे हों और न झूठे। अतः तर्क करने वाला व्यवहारवादी, जो अपने यंत्र संसार की सब चीजों को व्यर्थ बताने का भरसक प्रयास करता है, यह देखेगा कि उसकी यह दुनिया भी व्यर्थ की बातों से भरपूर है।

किंतु यह तर्कसंगत असफलता दिखाने से काम नहीं चलता क्योंकि हम किसी वाद-प्रतिवाद में नंबर नहीं जीत रहे। देखना यह है कि असफलता का कौन-सा गंभीर कारण है ? ज्ञान का आणविक आधार पर निर्माण क्यों नहीं किया जा सकता ? यह बात हमने कैसे सोच ली कि यदि ज्ञान को आणविक आधार पर बाँटा जाएगा तो इसके सब भाग एक-दूसरे के विपरीत होंगे।

इसका उत्तर यह है कि पिछली शताब्दी के आणविक विज्ञान की भाँति ज्ञान के इस आणविक निर्माण में भी यह कल्पना कर ली जाती है कि हमारे अनुभव के पीछे कुछ ऐसे तथ्य हैं जो हमारे अनुभव से भी अधिक सही होते

हैं। वास्तव में वे सही ही होते हैं। हमें बताया जाता है कि 'यह लाल है' यह बात बताकर समझ लिया जाता है कि इस समय हम ज्ञान की उस सतह तक पहुँच चुके हैं कि असहमति के लिए कोई गुंजाइश नहीं। यह लाल है अथवा यह लाल नहीं है। किंतु वह 'यह' क्या है जिसे वक्ता और मैं दोनों एक ही स्थान के रूप में देखते हैं। और वह 'लाल' क्या है जिसके बारे में बुद्धिमान व्यक्तियों में मतभेद नहीं होता ? लाल रोशनी की तरंग लंबाई एक इंच का लगभग तीन लाखवाँ हिस्सा है। आणविक प्रस्ताव के बारे में सहमत होने के लिए हमें यह लंबाई कितने शुद्धता तक परखनी चाहिए।

विज्ञान की दुनिया में न तो 'यह' और न ही 'लाल' कोई ऐसी वस्तुएँ हैं जिनकी ठीक-ठीक परिभाषा की जा सकती है। अणुओं के ब्राउनी प्रवाह में 'यह' हमेशा खो जाएगा और 'लाल' के साथ तरंगों की लंबाई की अनिश्चितता हमेशा बनी रहेगी। संसार की व्याख्या इस प्रकार नहीं की जा सकती जैसा कि व्यहारवादी प्रत्यक्ष रूप से कल्पना करते हैं कि पहले किसी विवरण में प्रत्येक बात के ठीक-ठीक भौतिक निर्देशांक दे दिए और बाद में यह जाँच कर ली कि क्या वह विवरण ठीक है या नहीं। प्रत्येक निर्देशांक के संदर्भ में निश्चित रूप से अनिश्चितता का अंश होता है। और इसका अभिप्राय यह है कि जाँच का कार्य भी अनिश्चित ही है और उसमें भी ग़लती की गुंजाइश होनी चाहिए। इसके अतिरिक्त कुछ और सोचना डेढ़ सौ वर्ष पहले के आणविक स्वर्ग में चले जाने या आनंदमयी पूर्णता को प्राप्त करने के समान है जिसके संबंध में ब्लेक ने कल्पनात्मक तिरस्कार के साथ कहा है कि ''यह पूर्णता छोटे-छोटे गोलों से ब्रह्मांड का निर्माण कर सकती है।''

स्पष्टतः व्यवहारवादी की मूल धारणा में निश्चित रूप से एक दोष है कि हम केवल जाँच से सत्य की परख कर सकते हैं। किंतु हमें जाँच क्या करनी है ? हमें आणविक प्रस्ताव अर्थात् साधारण-से-साधारण प्रकार के तथ्य के संबंध में साधारण से साधारण रूप में एक विवरण की जाँच करनी होती है। किंतु ये तथ्य—चाहे वे आकाश संबंधी हों या समय संबंधी—हमारे लिए बराबर एकसमान नहीं बने रहते। मैं इस समय किसी ऐसे तथ्य के विवरण की जाँच नहीं कर सकता जो पहले ही बीत चुका हो। मैं केवल भविष्य से संबंध रखने वाले तथ्य के विषय में ही कह सकता हूँ और इसका मतलब

यह है कि मेरी बात भविष्यवाणी होनी चाहिए। वास्तव में जाँच के विचार में भविष्यवाणी का विचार अंतर्निहित है और जैसा कि हमने देखा है भविष्यवाणी अर्थात् पूर्वसूचना की उसकी अपनी अनिश्चितता से अलग नहीं किया जा सकता।

4

मैंने जो कुछ लिखा इससे मेरा अभिप्राय उन्नीसवीं शताब्दी के महत्त्व को कम करना कदापि नहीं है। हर प्रकार से यह धारणा एक बहुत बड़ी सफलता थी और उसका अधिकतर भाग आज भी ठीक उतरता है। किंतु इसके पीछे दुनिया के संबंध में एक ऐसा विचार काम करता है जो अत्यधिक सरल सिद्ध हुआ है। इसके अनुसार दुनिया के विषय में यह समझा गया था कि इसका ठीक-ठीक पता यदि आज के वैज्ञानिक नहीं लगा सकते तो कल के वैज्ञानिक जरूर लगा लेंगे। मैंने उस दुनिया के बारे में विचार करना, सरल भाषा के पंडित, रेखागणितज्ञ तथा दार्शनिक विलियम क्लिफोर्ड की रोचक पुस्तक से सीखा। उन्होंने अपनी पुस्तक का नाम विशेष रूप से 'यथार्थ विज्ञानों का सहज बोध' अर्थात् The Common Sense of Exact Sciences रखा था। उनकी और मेरी पुस्तक के नामों का अंतर संयोग मात्र नहीं। मैंने जानबूझ कर इस पुस्तक का नाम 'विज्ञान का सहज बोध' अर्थात् The Common Sense of Science रखा है क्योंकि इससे हमारी इन दो शताब्दियों के दृष्टिकोणों के अंतर का पता चलता है। आज हम देखते हैं कि सही अर्थों में आज कोई विज्ञान यथार्थ नहीं। एक विज्ञान और दूसरा सहज बोध और इन दोनों को अपने-अपने तरीक़ों तथा मूल विचारों में, समस्त ज्ञान में अंतनिर्हित अनिश्चितताओं का समावेश कर लेना चाहिए।

पिछली शताब्दी के अच्छे-अच्छे वैज्ञानिकों ने निश्चय ही इस बात की कल्पना कर ली थी। अभी-अभी मैंने क्लिफोर्ड के विषय में कहा है और उस महान् व्यक्ति का स्मरण करते समय यह कहना उचित ही होगा कि उसमें ऐसी ही कुछ दूरदर्शिता थी। निश्चय ही क्लिफोर्ड में ऐसी भविष्यवाणी पूर्ण अंतर्दृष्टि के लिए प्रतिभा थी। 'यथार्थ विज्ञानों का सहज बोध' में पहले-पहल इस बात का संकेत मिलता है कि स्थूल पिंडों से अवकाश में स्थानीय रूप

से वक्रता (Curvature) आ जाती है जिसका आइंस्टाइन ने पूरा-पूरा हिसाब लगाया था। क्लिफोर्ड, गाल्टन का समकालीन था और 35 वर्ष की आयु में उसका देहांत हुआ तो उसकी पुस्तक का संपादन आधुनिक सांख्यिकी के प्रवर्तक कार्ल पीयरसन ने किया था। उन्नीसवीं शताब्दी से हमारी शताब्दी की ओर झाँकते हुए वैज्ञानिक सत्य के विषय में क्लिफोर्ड ने कहा था :

"इसलिए याद रखिए कि वैज्ञानिक विचार कार्य का मार्गदर्शक है; विज्ञान जिस सत्य तक पहुँचता है वह ऐसा नहीं जिसकी कल्पना हम बिना किसी ग़लती के आदर्श रूप से कर सकें, किंतु वह ऐसा सत्य है जिस पर हम बिना किसी भय के आचरण कर सकते हैं; और आप निश्चय इस बात का अनुभव करेंगे कि वैज्ञानिक विचार मानव प्रगति का कोई उपकरण या शर्त नहीं बल्कि यह स्वयं ही मानव प्रगति है।"

कई कारणों से यह विचार बड़ा आकर्षक है। यह विचार बड़े सार-गर्भित ढंग से विज्ञान को कार्य के रूप में प्रस्तुत करता है जिस पर मैंने पहले ही ज़ोर दिया है। कार्य हमेशा आगे की ओर देखता है; यह भविष्य की ओर देख कर कल्पना करने से भिन्न होता है। और इसमें एक आकर्षक बात है सत्य की परख। विज्ञान का वास्तविक आधार क्या है ? इस संबंध में जैसा कि मैंने पहले कहा है, क्लिफोर्ड से अधिक अच्छे ढंग से कोई नहीं बता सकता कि "विज्ञान का सत्य ऐसा नहीं जिसकी हम बिना किसी ग़लती के आदर्श रूप से कल्पना कर सकें, किंतु वह ऐसा सत्य है जिस पर हम बिना किसी भय के आचरण कर सकते हैं।"

विज्ञान जिन बातों को देखता है या जिनके बारे में पूर्वसूचना देता है उन सब में वास्तविकता के दोष विद्यमान रहते हैं। वास्तविकता ही भविष्य की सूचक होती है किंतु सूचक अनिवार्य रूप से अनिश्चित होता है अतः असंगत तथ्य की पृष्ठभूमि में निश्चय ही इसका अर्थ अशुद्ध होगा। सूचक पर आधारित पूर्वसूचना निश्चय ही सांख्यिकीय होगी। यह पूर्वसूचना भविष्य का अध्ययन नहीं होती बल्कि यह भविष्य के संबंध में पूर्वानुमान होता है। पूर्वानुमान का महत्त्व इसलिए होता है क्योंकि हम इसमें इसकी अनिश्चितता के अनुमान को भी शामिल कर लेते हैं। भविष्य हमेशा ही फ़ोकस से थोड़ा सा बाहर होता है और हम उसमें जो बातें देखते हैं उनमें थोड़ी सी अनिश्चितता

होती है। यही परिस्थिति आज मनुष्य और विज्ञान की है। त्रुटि के बिना हम वास्तविकता की कल्पना नहीं कर सकते किंतु चूँकि हमें इस बात का ज्ञान होता है कि हम क्या कर सकते हैं इसलिए हम बिना किसी डर के उस वास्तविकता के अनुसार कार्य कर सकते हैं।

क्योंकि हम जानते हैं कि हम क्या कर रहे हैं, यही विज्ञान का मूल है। हम केवल तथ्यों को देखते और उनके बारे में पूर्वसूचना ही नहीं देते। यही कारण है कि कोई भी दर्शन-सिद्धांत जो केवल तथ्यों से विज्ञान का निर्माण करता है, त्रुटिपूर्ण होता है। यह बात हम जानते हैं अर्थात् हम उनके लिए नियम ढूँढ़ते हैं। प्रत्येक मानवीय क्रिया में इन नियमों का उपयोग किया जाता है और साथ ही इनका परीक्षण भी किया जाता है तथा नए नियमों के विषय में सोचा जाता है। उन नियमों के रूप का कोई महत्त्व नहीं। निजी व्यवहार में जिन नियमों को काम में लाते हैं उनकी भाँति विज्ञान के नियम भी सहायक और सच्चे होते हैं चाहे उनमें 'हमेशा' या केवल 'प्रायः' जैसे शब्द हों या न हों। महत्त्व तो तथ्यों के संबंध में नियम की मान्यता का है। हम नियम अर्थात् तरीक़े, क्रम, घटना की रचना की जाँच कर सकते हैं। यही कारण है कि विज्ञान में संख्याओं और रेखागणित के प्रतीकों की भरमार है। ये संख्याएँ और रेखागणित रचना के संबंधों को प्रकट करने का सबसे अधिक जाना-माना तरीका है।

5

विज्ञान को किसी प्रकार भी केवल तथ्यों की व्याख्या नहीं कहा जा सकता। जैसा कि मानवतावादी दिखाने का प्रयास करते हैं, विज्ञान किसी भी प्रकार किसी असीम यंत्रवत् विश्वकोश में होने वाली घटनाओं का निरपेक्ष रिकॉर्ड नहीं है। इस ग़लत दृष्टिकोण का उदय अठारहवीं शताब्दी में हुआ। इसके अनुसार वैज्ञानिक उपयोगितावादी होते हैं जो हर बात के लिए कहते हैं कि 'जो होता है होने दो'। किंतु साथ ही यह विश्वास करते हैं कि दुनिया प्राकृतिक गुरुत्त्वाकर्षण और मानवीय आत्मस्वार्थ के नियामक सिद्धांतों के अनुसार ही सबसे अच्छे ढंग से चल सकती है।

किंतु मेंडेविल और बेन्थम द्वारा तथा डिकन्स की 'हार्ड टाइम्स' नामक पुस्तक में खींचा गया दुनिया का यह चित्र कभी भी विज्ञान नहीं था क्योंकि

विज्ञान केवल तथ्यों का साधारण रिकॉर्ड नहीं बल्कि यह तो तथ्यों में एक क्रम की खोज करता है। विज्ञान का सत्य तथ्यों का सत्य नहीं होता जो सन्निकटन से आगे नहीं जाता। किंतु विज्ञान का सत्य उन नियमों का का सत्य होता है जिन्हें हम तथ्यों में देखते हैं। इस प्रकार के सत्य को समझना उतना ही कठिन और मानवीय होता है जितना किसी चित्र के सत्य को, जो कि फ़ोटोग्राफ न हो, या संगीत के भावनात्मक सत्य के अनुभव को। जब हम सत्य के विषय में कुछ कहते हैं तो हम महत्त्वपूर्ण और महत्त्वहीन के बीच निर्णय करते हैं और सत्य के विभिन्न अंशों में एकता का अनुभव करते हैं। ऐसा हम विज्ञान में उसी प्रकार करते हैं जैसा कि कला के क्षेत्र में या अपने दैनिक जीवन में। हम कोई निर्णय तभी करते हैं जब, विज्ञान में भी, हम एक सिद्धांत की अपेक्षा पूरे सिद्धांत को तरजीह देते हैं; क्योंकि सभी ज्ञात तथ्यों के बताने वाले सिद्धांतों की संख्या असीम है। और इस निर्णय के सिद्धांतों में अधिक आकर्षण होता है जो केवल तथ्यपूर्ण नहीं होता। पहले पहल विलियम ऑफ आखम ने वैज्ञानिकों को यह सुझाव दिया था कि उन्हें ऐसे सिद्धांत को अपनाना चाहिए जो अपनी व्याख्या में कम-से-कम अज्ञात कारकों का उपयोग करता हो। पिछले छः सौ वर्ष से विज्ञान में इसी सिद्धांत का पालन किया जा रहा है। किंतु क्या इस सिद्धांत का सिवाय सौंदर्यात्मक संतोष के और कोई आधार है और यह वैसा ही संतोष है जो शतरंज में घोड़े के बदले रानी मरवाने में होता है।

विज्ञान में हम सत्य की परिभाषा तब तक नहीं कर सकते जब तक हम तथ्य से नियम तक न पहुँचें। तत्पश्चात् नियमों में हमें सत्य के रूप में जो बात प्रभावित करती है, वह है नियमों के अंगों की क्रमबद्ध संगति। इनका एक-दूसरे के साथ इस प्रकार सामंजस्य बैठता है मानो वे एक महान् उपन्यास के पात्र हों या किसी कविता के शब्द। वास्तव में हमें इस अंतिम समानता का हमेशा ध्यान रखना चाहिए क्योंकि विज्ञान एक भाषा है और एक भाषा की भाँति विज्ञान भी अपने अंगों की उनके अर्थों के अनुसार व्याख्या करता है। वाक्य के प्रत्येक शब्द में परिभाषा की कुछ अनिश्चितता होती है किंतु फिर भी वाक्य से उसका और शब्दों का निश्चित रूप से अर्थ-बोध होता है। आंतरिक एकता और संगति ही विज्ञान को सत्यता प्रदान करती है जो इसे

किसी कम व्यवस्थित भाषा की अपेक्षा पूर्वसूचना की श्रेष्ठतर प्रणाली का रूप देती है।

6

मैंने इसी कारण से मानवीय मान्यताओं में से सत्य को बिल्कुल अलग कर दिया है। मान्यताओं की सभी रीतियों से सत्य का स्थान एक-सा है और उनमें से अधिकतर के लिए उनका बुनियादी महत्त्व है। हम विज्ञान में कला, आचार या धर्म की अपेक्षा किसी बात को अधिक निश्चित नहीं मान सकते। इन सभी विषयों में सत्य उन्मुक्त मानवीय निर्णय पर निर्भर करता है। निस्संदेह इनमें से किसी एक विषय में बिना किसी अनुभव के यह निर्णय नहीं दिया जा सकता, ऐसा कोई सत्य नहीं, यहाँ तक कि धार्मिक सत्य भी नहीं जिसके लिए वास्तविक तथ्यों की आवश्यकता न पड़ती हो। सत्य के अतिरिक्त और भी कई मूल्य हैं जैसे अच्छाई, सौंदर्य, उचित आचरण। विज्ञान में भी इन मान्यताओं की गूँज सुनाई देती है, और इनके अतिरिक्त एक और मान्यता है जिसे हम मानव चिंतन की स्वतंत्रता कहते हैं। विज्ञान के स्वस्थ विकास के लिए यह अनिवार्य है। किंतु मेरा इतने ज़ोर से यह सिद्ध करना उद्देश्य नहीं कि विज्ञान में भी कला की भाँति सभी मानवीय मूल्य निहित हैं। मैंने एक ही उदाहरण में यह दिखलाना चाहा है कि विज्ञान मूल्य के निर्णय के बिना जीवित नहीं रह सकता। सत्य का यह उदाहरण गंभीर महत्त्व रखता है और इससे यह पता चलेगा कि विज्ञान एक रिक्त और यांत्रिक गतिविधि के रूप में जीवित नहीं रह सकता।

किंतु विज्ञान में इसके अतिरिक्त और भी बहुत कुछ है। इसमें न केवल समस्त मानवीय क्रिया के मूल्य विद्यमान ही हैं बल्कि विज्ञान इन मूल्यों में कुछ और भी जोड़ता है। मानवीय मूल्य तो हमारे सभी कार्यों में होते हैं और ये मान्यताएँ विशेष रूप से ऐसी सभ्यताओं में भी समान होती हैं जिनमें हज़ारों वर्षों का अंतर होता है। एजटेकों (Aztecs), मिनोनों (Minoans), काल्डियों (Chaldees), कैरोकियों (Cherokees), और शेकरों (Shakers) में मानवीय गौरव और महत्त्व संबंधी समान धारणाएँ थीं। ये धारणाएँ समय तथा स्थान के ऊपरी मतभेदों से कहीं अधिक गंभीर होती हैं। शिल्प और चिंतन की दृष्टि

से ये समानताएँ उत्साहजनक हैं। किंतु यद्यपि ये मान्यताएँ एक जैसी हैं तो भी बिल्कुल समान नहीं हैं। मानवीय मूल्य धीरे-धीरे बदलते रहते हैं किंतु यह परिवर्तन नगण्य नहीं होता। और इस परिवर्तन में विज्ञान का रचनात्मक भाग होता है।

क्योंकि मान्यताएँ अंततः निर्णयों पर निर्भर करती हैं, और निर्णय करने की प्रत्येक क्रिया हमारे अनुभव को महत्त्वपूर्ण और महत्त्वहीन में बाँटती है। इस विषय का उल्लेख मैंने इस पुस्तक के शुरू में किया है कि मानव-चिंतन का आधार इस बात का निर्णय है कि क्या समान है और क्या असमान। चुनाव करते समय हम जिस चीज़ को समान कहेंगे उसके संबंध में हम यह बात बुनियादी तौर पर तय कर लेंगे कि यह एक ऐसी चीज़ है जो हमारे लिए कुछ महत्त्व रखती है। हम ऐसा ही करते हैं जब हम यह कहते हैं कि पुरुष स्त्रियों के समान होते हैं या पृथ्वी ग्रहों के समान होती है या हवा शराब जैसी होती है। आल्डुअस हक्स्ले ने अपने उपन्यास 'बैरन लीव्स' में विभिन्न यूरोपीय भाषाओं में अंग्रेज़ी भाषा के शब्द 'love' अर्थात् 'प्रेम' पर बड़े विस्तार से विचार किया है; किंतु मैं जब इंग्लैंड आया तो लड़का ही था और अंग्रेज़ी भाषा में मुझे जो विशेष बात प्रतीत हुई, वह थी क्रिया 'to like' अर्थात् 'पसंद करना'।

मानवीय मूल्य उन चीज़ों से जुड़े हुए हैं जिन्हें हम समान और असमान कहते हैं; और जब विज्ञान इस समानता और असमानता के निर्णय को बदल देता है तो इन मान्यताओं में भी भारी परिवर्तन हो जाता है। यूनानियों ने एक अपूर्व सभ्यता का निर्माण किया किंतु इसके बावजूद मनुष्यों को गुलाम बनाने की प्रथा के संबंध में उनकी मान्यता नहीं टूटी। वे यह नहीं सोचते थे कि गुलाम और नागरिक समान हैं। अठाहरवीं शताब्दी के अंत में पश्चिमी संसार ने यह महसूस किया कि सभी श्वेत मनुष्य समान हैं। विलियम विल्बर फोर्स जीवन भर अपनी पीढ़ी को यह बात समझाता रहा कि मानवीय गरिमा की दृष्टि से काले गुलाम और श्वेत मनुष्य समान हैं। समानता और असमानता के दृष्टिकोण को व्यापक बनाकर विज्ञान ने इस चेतना के निर्माण में सहायता प्रदान की। विज्ञान ने इस दृष्टिकोण को इतना व्यापक बना दिया कि पशुओं के प्रति निर्दयता को इंग्लैंड में ख़ासतौर से पर घृणित अपराध बनाना पड़ा।

हमारे अपने ही समय में हमने देखा कि किस प्रकार नाज़ी जर्मनी में मानवीय मूल्यों को बहुत बड़े पैमाने पर तोड़ा-मरोड़ा गया। विज्ञान और मानवता ने जिस बात अर्थात् मनुष्यों में समानता को समझने के लिए धीरे-धीरे प्रयत्न किया था, तोड़-मरोड़ की इस कार्रवाई से उसे जान-बूझ कर बदलने का प्रयास किया। नाज़ियों के घृणित मूल्य इस झूठी बात पर निर्भर करते हैं जिसे विज्ञान ने तीन सौ वर्षों से उखाड़ फेंकने का प्रयत्न किया है। और वह धारणा है कि जो मैं करता हूँ वह वैसा नहीं है जैसा दूसरे करते हैं।

7

विज्ञान और कला दोनों ही इस ओर प्रयत्नशील हैं कि समानता के क्षेत्र को व्यापक बनाया जाए और उसी के लिए हम तथ्यों का अन्वेषण करते हैं। जब हम किसी प्रकार की व्यापक समानता को देखते हैं, चाहे वह अवकाश और समय के बीच हो या दंडाणु, (bacilius), विषाणु (Virus) और मणिभ (crystal) के बीच, हम इस समानता के क्षेत्र का विश्वव्यापी विस्तणर करते रहते हैं; किंतु इससे भी आगे हम इस समानता में एकता के क्षेत्र को व्यापक बनाते हैं। और प्रकृति की यही वह एकता है चाहे वह मृत हो या जीवित, जिसके बारे में हम विचार करते रहते हैं। यह धारणा ऐसी किसी भी मान्यता से कहीं अधिक गहन है जिसके अनुसार प्रकृति अवश्य ही समान होनी चाहिए। हम प्रकृति को एक एवं संयुक्त रूप में देखने का प्रयास करते हैं यही बात है जो वैज्ञानिकों में ध्येय-निष्ठा और सुरुचिपूर्ण संपन्नता की भावना पैदा करती है और हमें इस बात को स्वीकार करना चाहिए। प्रत्येक प्रकार के अनुसंधान कार्य का उद्देश्य यह है संसार के विभिन्न दृष्टिकोणों को एक सुव्यवस्थित जाल में पिरोया जाए।

विज्ञान का प्रत्येक नियम इधर-उधर बिखरे तथ्यों को एक सूत्र में पिरोता है। किंतु ये नियम अपने-आप में अंतिम रूप से एकता के साधन नहीं हैं। प्रत्येक नियम केवल पूर्वसूचना ही देता है जैसे अरस्तू ने कहा था कि सेब सदा ही भूमि पर गिरते रहेंगे। एकता लाने वाले बड़े-बड़े विचार वे गाँठें हैं जिनमें नियम एक-दूसरे से मिलते हैं और एक-दूसरे से जुड़े रहते हैं। ऐसा ही एक विचार है कि सब पदार्थ समान हैं या पार्थिव अवकाश तारों से भी

दूर तक जाता है या एक पीढ़ी तक जाता है या एक पीढ़ी से दूसरी पीढ़ी तक भौतिक निरंतरता होती है। जहाँ ये नियम एक- दूसरे से मिलते हैं, हम उन स्थानों को पहले से ही निश्चित मान लेते हैं और यह भूल जाते हैं कि इन धारणाओं तक पहुँचने में कितना समय लगा होगा। किंतु यही वे विचार अर्थात् पदार्थ, अवकाश, विकास और वंशानुक्रमण संबंधी धारणाएँ ही ऐसी हैं जो एकता प्रदान करती हैं। हमारे ज्ञान के समस्त ढाँचे में ये धारणाएँ संयोजक एवं निर्णायक जोड़ हैं। और ये स्वतः स्पष्ट नहीं है। संहति, ऊर्जा, मन, तंत्रिका-तंत्र, पोषक और प्रकिणव (एंजाइम), पारिस्थितिकी—ये सब एक्वीनास को स्पष्टतः ज्ञात नहीं थीं और न ही इनसे उस जैसा प्रथम योग्य गणितज्ञ उनसे तुरंत ही नियम बना सकता था। इसके विपरीत, जिस प्रकार नियम तथ्यों को मिलाते हैं उसी प्रकार विज्ञान संबंधी धारणाएँ अपने नियमों को एक ऐसे क्रमबद्ध संसार का रूप प्रदान करती हैं जो जाल की बड़ी-बड़ी गाँठों के सहारे टिका रहता है।

जब हम किसी विज्ञान के विकास का अध्ययन करते हैं तो हम देखते हैं कि किस प्रकार एकीकरण करने वाली धारणाओं की खोज चलती रही है। यदि हम रे और लिन्नास के समय से लेकर जीवविज्ञान के विकास की ओर नज़र डालें तो हम देखते हैं—समान जातियों को सूचीबद्ध करना, कोशिकों, उनके विभाजन और उनके यौन संबंधी समेकन की खोज, जातियों के वंशानुक्रमण और उनके प्राकृतिक वरण की प्रक्रिया की व्याख्या और फिर इन सबसे विकास की व्यापक धारणा का निर्माण। अब ज़रा तत्त्वों की आवर्त सारणी और उन पर विद्युतीय व्यवहार के संबधं में डेवी और फैराडे के कार्य द्वारा डाल्टन के समभार के संयोजन के नियम से लेकर वर्तमान अणु रचना और रासायनिक परमाणु में इलेक्ट्रॉनों के लगभग संतुप्त परिकक्षों की जटिल धारणाओं के संदर्भ में रसायन की ओर देखें या फिर देखें भौतिकी की ओर कि वह किस प्रकार एकता के सिद्धांत की दिशा में अग्रसर हुई है। पदार्थ, संहति और भार के संबंध में विश्वव्यापी, धारणाओं का वैज्ञानिक क्रांति में धीरे-धीरे निश्चित रूप धारण करना; संहति के संरक्षण की संकल्पना, रमफोर्ड और जूल और क्लर्क मैक्सवेल की दृष्टि में ऊर्जा की संकल्पना और फिर उसके संरक्षण की संकल्पना; ऊर्जा की कणात्मक प्रवृत्ति के संबंध में 1899 में प्लैंक की महत्त्वपूर्ण उपलब्धि, और

फिर उसके बाद आइंस्टाइन द्वारा संहति और ऊर्जा को एक ही संकल्पना के अंतर्गत लाने का महानतम कार्य जिसमें आइंस्टाइन की एकता संबंधी अंतर्दृष्टि का परिचय मिलता है। आइंस्टाइन के इस मार्गदर्शन को हमने पदार्थ से ऊर्जा के निर्माण में, सीमित किंतु संभवतः विस्तारशील अवकाश के रूप में और अब पिछले एक-दो वर्षों में इस बात की प्रत्याशा में अनुभव किया है कि विस्तार की प्रक्रिया के समय गुरुत्त्वाकर्षण शक्ति का ह्रास होता है और संभव है कि यह शक्ति नवीन पदार्थ का रूप धारण कर ले। विज्ञान नई परिकल्पनाओं को जन्म देने वाली प्रक्रिया है जो विश्व के प्रति हमारी जानकारी को एक सूत्र में पिरोती है। आज यह प्रक्रिया और अधिक साहसिक एवं दूरगामी है कि इतनी अधिक सफलतापूर्ण वैज्ञानिक क्रांति के आरंभ में भी नहीं थी।

8

मूल्य की धारणा इनसे भिन्न नहीं। कला के नियम तैयार करना कोई सरल काम नहीं है; कम-से-कम आगस्टन काल के पंडितों ने इतने दुःख के साथ सिद्ध कर ही दिया था कि वे नियम जो बड़ी सरलता से तैयार हो जाते हैं, अच्छे नियम नहीं होते। किंतु एक ऐसी एकरूपता होती है जो कला की सभी कृतियों में विद्यमान रहती है और प्रत्येक कृति निजी रूप में समान प्रतिमानों के द्वारा दूसरी कृतियों से मिली होती है और फिर प्रतिमान ऐसी बड़ी परिकल्पनाओं, ऐसी गाँठों में बंधे होते हैं जो सौंदर्य और सत्य और संगति की धारणाओं के रूप में विभिन्न ऐतिहासिक रुचियों को एक सूत्र में बाँधे रखते हैं। इस प्रकार अंततः आचार-व्यवहार के नियम सत्य और अच्छाई और न्याय और औचित्य और कर्तव्य की धारणाओं में एक साथ चलते हैं। मूल्य की ये धारणाएँ विज्ञान की धारणाओं के समान नहीं हैं। किंतु इन धारणाओं का मूल्यों की भाँति मानव मन और उस संसार से गहरा संबंध है जो उसके समान होता है। यदि इस पुस्तक का विषय सौंदर्य-शास्त्र होता तो मैं इस विषय का अध्ययन इस प्रकार करता और देखता कि रुचि, संगति और सौंदर्य-संबंधी धारणाओं का प्रादुर्भाव किस प्रकार हुआ और वे एक-दूसरे से किस प्रकार संबंधित हैं। और यदि पुस्तक का विषय नीतिशास्त्र होता तो मैं मूल्य की धारणाओं के बारे में अन्य प्रकार से विचार करता। विज्ञान संबंधी

पुस्तक में मैंने मशीन और मॉडल, क्रम, कारण, संयोग, पूर्वसूचना और भविष्य, नियम संबंधी मूलभूत धारणा और तरंगों से पदार्थ तथा कोशिका तक की विशिष्ट धारणाओं के विकास पर विचार किया है। किंतु ये सब मनुष्य और उसके समाज की सर्वव्यापी प्रकृति के संबंध की अभिव्यक्ति हैं। मनुष्य के क्रम के संबंध में उस विवेक के बिना कि समान क्या है और असमान क्या है और कौन-सी चीज़ महत्त्वपूर्ण है और कौन-सी महत्त्वहीन—उपर्युक्त धारणाओं में से किसी तक भी नहीं पहुँचा जा सकता। ओम, वोल्ट और एम्पीयर के छोटे-से-छोटे नियम के संबंध में भी हमें क्रम संबंधी विवेक को नहीं भूलना चाहिए क्योंकि अंत में यह नियम मनुष्य की चुनने की योग्यता पर निर्भर करता है जिसके अनुसार वह अपने आपको अपने वातावरण के साथ बाँधने का प्रयास करता है। और यह विवेक तो कार्य में स्वयं विद्यमान होता है। कला की कृति में स्वयं कलाकार का विवेक निहित होता है; इसीलिए कला के संबंध में ठीक ही कहा गया है कि अपने प्रतिमानों से हम किसी कलाकृति का मूल्यांकन नहीं करते बल्कि इसके विपरीत कलाकृति हमारा मूल्यांकन करती है। और ठीक इसी प्रकार हम ही ऐसे नहीं हैं जो विज्ञान के आविष्कारों को देखकर और उनका मूल्यांकन करके घबरा जाते हैं बल्कि यह तो विज्ञान है जो हमारा मूल्यांकन करके घबरा जाता है। प्रकृति के संबंध में तीन शताब्दियों से जो प्रश्न किए जा रहे थे आइंस्टाइन ने उनका समाधान ऊर्जा और संहति को एक ही पंक्ति में समीकृत करके कर दिया, किंतु यह

$$E = mc^2$$

धारणाओं की वैसी एकता नहीं है जिनकी खोज कीट्स कर रहा था जब उसने 'ऑड ऑन ए ग्रेशियन अर्न' को इन अंतिम पंक्तियों में समाप्त किया था

सौंदर्य सत्य है, सत्य सौंदर्य—इतना ही
तुम इस धरती पर जानते हो, इतना ही
जानने की आवश्यकता है।

किंतु असमानता की अपेक्षा समानता का महत्त्व अधिक है। समानता हमें यह

समझने में अधिक सहायक सिद्ध होती है कि विज्ञान की धारणाएँ मूल्य की धारणाओं की तरह प्रकृति में एकता की हमारी सूझ का चिह्न हैं।

विज्ञान-संहारक या स्रष्टा

हम सब जादूगर के चेले की कहानी से भली-भाँति परिचित हैं; हमें 'फ्रेंकेन्सटीन' की कहानी का भी पता है जो मेरी शैली ने अपने पति और बायरन के मुकाबले में लिखी थी; या उन्नीसवीं शताब्दी की ऐसी ही किसी डरावनी कहानी से हम परिचित हैं। इन सब कहानियों में एक ऐसा आदमी होता है जो विशेष प्रकार की अलौकिक शक्तियों के आधार पर किसी ऐसी घड़ी या मशीन को जिलाता या तैयार करता है जो उसका काम करती है; बाद में वह देखता है कि वह उस घड़ी या मशीन में से वह जान नहीं निकाल सकता जो उसने उसमें पहले डाली थी। इस प्रकार मनविहीन राक्षस आदमी पर हावी हो जाता है; और शुरू में घर का काम करने के लिए जिस वस्तु का आविष्कार किया गया था अंत में वह घर और उसके स्वामी दोनों को तबाह कर देती है।

ये कहानियाँ हमारी आशंकाओं का प्रतीक बन गई हैं। पिछले लगभग 300 वर्षों से हम अधिक-से-अधिक संख्या में मशीनों का आविष्कार कर रहे हैं। हमारे लिपिबद्ध इतिहास का यह बहुत छोटा-सा काल है, और मानव के इतिहास का तो यह एक हज़ारवाँ भाग भी नहीं। इस थोड़े से समय में हमने प्रकृति की कार्यप्रणाली की आत्मा का पता लगा लिया है। अपने-आपको बाहरी संसार के अनुसार ढालने में हमने प्रकृति का जितना उपयोग किया है उतना किसी और जीव ने नहीं किया। हम ऐसे-ऐसे जल-वायु में भी जीवित रह सकते हैं जिनमें कीटाणुओं तक का जीना मुश्किल होता है।

हम अपने लिए भोजन और मांस स्वयं उत्पन्न करते हैं। हम एक ही वाहन में भूमि पर यात्रा कर सकते हैं, पहाड़ की सुरंग से निकल सकते हैं, समुद्री एवं हवाई यात्रा कर सकते हैं। और इन सबसे भी महत्वपूर्ण बात यह है कि हम लेमार्क के उस स्वप्न के बिल्कुल निकट आ पहुँचे हैं जिसके अनुसार कोई जीव अपने माता-पिता के सभी कौशल उत्तराधिकार में प्राप्त कर सकता

है। आज हमने ऐसे उपाय ढूँढ़ लिए हैं जिनकी सहायता से हम अपने अनुभव लिपिबद्ध कर सकते हैं ताकि अन्य व्यक्ति भी वैसा ही अनुभव प्राप्त कर सकें।

जीवों की अन्य जातियों के इतिहास से पता चलता है कि अतिजीविता के संघर्ष में वे जीव सबसे अधिक सफल रहे हैं जो अपने-आपको अपने वातावरण के अनुकूल ढाल लेते थे। हमने किसी और जीवित अथवा समाप्त जाति की अपेक्षा अपने यंत्रों की सहायता से अपने-आपको और अधिक अनुकूलनीय बनाया है; और हम आज भी और तेज़ गति से इस कार्य को कर रहे हैं। इतना होने पर भी हमें सदा यह भय रहता है कि क्या हम जीवित रह सकेंगे या नहीं; और हम हैरान होते हैं कि क्या हम पीकिनीज़ जैसे अतिविशेषित जंतु से अधिक समय तक जीवित रह सकेंगे।

2

प्रत्येक व्यक्ति अपनी पराजय की ज़िम्मेदारी दूसरे पर लादना चाहता है; और कुछ समय तक वैज्ञानिकों को ही बलि का बकरा बनाया जाता रहा है; मैं यह बात बड़े ध्यान से देखना चाहता हूँ कि वे और इस मामले में प्रत्येक व्यक्ति किस हद तक ज़िम्मेदार हैं। निस्संदेह उन पर विशेष ज़िम्मेदारी आती है, और हमें इस बात को तर्क द्वारा समाप्त नहीं कर देना चाहिए। किंतु यह एक जटिल ज़िम्मेदारी है और पूरी उन पर आती भी नहीं है। उदाहरण के लिए विज्ञान स्पष्टतः इस बात के लिए उत्तरदायी नहीं कि वे लोग जो अपने निजी झगड़ों को अपमान की स्थिति से आगे नहीं ले जाते, सार्वजनिक झगड़ों को युद्ध द्वारा निपटाने को तत्पर हों। कई जीव अपनी आवश्यकताओं को पूरा करने के लिए और कई केवल अपने लोभ के लिए अपनी जान की बाज़ी लगा देते हैं। मृग-मृगणियों के लिए लड़ते हैं और पक्षी अपने क्षेत्रों के लिए। किंतु मनुष्य की लड़ाई की प्रवृत्तियाँ बड़ी विचित्र हैं क्योंकि इनका प्रदर्शन केवल समूह के रूप में होता है। किंतु इनका निर्माण वैज्ञानिक ने नहीं किया था। इसके विपरीत विज्ञान ने कई प्रकार के सामूहिक हत्याकांड बंद कराने में सहायता दी है—जैसे जादूगरनियों का शिकार और उन्नीसवीं शताब्दी में प्रचलित छूत की बीमारियों के अस्पतालों के विरुद्ध भ्रांतियाँ।

न ही विज्ञान उन समूहों के लिए ज़िम्मेदार है जो दूसरों को अपना प्रतिद्वंद्वी मानते हैं। और फिर अलग-अलग राष्ट्रों का होना विज्ञान का प्रभाव नहीं। युद्ध की आशंका हमेशा राष्ट्रवाद से पैदा होती है। लड़ाई की किसी जड़ या प्रतिद्वंद्विता को राष्ट्रीय आवश्यकता का रूप दे दिया जाता है। चाहे वह फियूमे (Fiume) से होकर जानेवाला मार्ग हो या पोलैंड से होकर जानेवाला या ऑस्ट्रिया के साम्राज्य का गौरव; और अंत में इन सामूहिक उद्देश्यों को प्राप्त करने के लिए राष्ट्र अपने-आप को संगठित करने और दोनों ओर के नागरिकों को मरवाने के लिए तैयार हो जाते हैं। विज्ञान ने राष्ट्रों का निर्माण नहीं किया; इसके विपरीत विज्ञान ने उन राष्ट्रीय भावनाओं को शांत करने में सहायता दी है जिन्हें यदि लड़ाई ख़ूब उत्साह से करनी हो तो बहुत उभारना पड़ता है। और लड़ाइयाँ किसी परंपरागत दलों द्वारा नहीं लड़ी जातीं ये तो अत्यधिक सगठित समाजों तथा राष्ट्रों द्वारा लड़ी जाती हैं। बहुत से अंग्रेज़ों ने यार्कशायर के लोगों को ओल्ड ट्रेफोर्ड पर आक्रमण करते हुए देखा, और यदि कभी लड़ाई तेज़ हो तो इसमें एक या दो व्यक्ति घायल होते हैं। किंतु यार्कशायर का कोई भी व्यक्ति इस बात को सुनकर घबरा नहीं जाएगा कि लंकाशायर के पास परमाणु बम है।

हमारे अंदर आज जो सर्वनाश की भावना विद्यमान है वह विज्ञान का भय नहीं है बल्कि वह तो लड़ाई का भय है। और लड़ाई के कारणों की उत्पत्ति विज्ञान द्वारा नहीं हुई थी; ये कारण 'जेनकिन्स के कान की लड़ाई' (वॉर ऑफ जेनिकिन्स ईयर) या 'गुलाब की लड़ाइयाँ' (वॉर्स ऑफ रोजेज़) के सर्वविदित कारणों से भिन्न नहीं होते जो अत्यंत साधारण प्रकार के वैज्ञानिक उपकरणों की सहायता से लड़ी गई थीं। यह कहना ग़लत है कि विज्ञान ने युद्ध का आविष्कार किया है; किंतु यह ठीक है कि विज्ञान ने युद्ध का रूप बिल्कुल बदल दिया है। जो लोग विज्ञान को आशंका की दृष्टि से देखते हैं वे ग़लत नहीं सोचते। मद्यशाला में बैठा पुरुष कहता है, 'विज्ञान विश्व को नष्ट कर देगा', बस की पंक्ति में खड़ी स्त्री कहती है, 'यह स्वाभाविक नहीं है'। यद्यपि दोनों अपनी बात अच्छी तरह से नहीं कहते किंतु फिर भी जो बात कहने का वे प्रयत्न करते हैं वह समझ में आती है। विज्ञान ने युद्ध के ढाँचे को बहुत बड़ा बना दिया है। विज्ञान पर दो प्रकार से यह दायित्व आता है।

3

पहली बात तो यह है कि विज्ञान ने स्पष्टतः युद्ध छेड़ने वालों की शक्ति कई गुना बढ़ा दी है। आज के हथियार पहले की अपेक्षा अधिक संख्या में लोगों का चुपचाप और अधिक बुरे ढंग से संहार कर सकते हैं। यह प्रगति (जिसे व्यक्त करने के लिए मेरे पास और कोई शब्द नहीं है इसलिए इसे प्रगति ही कहूँगा) पिछले कुछ समय से चल रही है; और कुछ समय से प्रत्येक नए हथियार के बारे में अब ऐसा कहा जाता है कि वह इतना विनाशकारी है या इतना भयानक है कि इससे लोग इतने भयभीत हो जाएँगे और लड़ाई में मरने वाले व्यक्तियों के अभाव के कारण राष्ट्रों को मजबूर कर देंगे कि वे युद्ध की नीति को त्याग दें। यह आशा कभी भी पूरी नहीं हुई, और मैं ऐसे किसी व्यक्ति को नहीं जानता जो अब ऐसा समझता हो। स्त्री-पुरुषों के कार्य ऐसी सरल विशेषताओं द्वारा निर्धारित नहीं होते; और उन राष्ट्रों द्वारा किए जाने वाले निर्णयों में उनका कोई स्थान नहीं होता जिनके वे अंग होते हैं। छर्रों, ट्राइनाइट्रो टोल्युआल (टी. एन. टी.) और गैस से भी युद्ध को अवैध घोषित करने में कोई सहायता नहीं मिली; और मैं नहीं समझता कि हाइड्रोजन बम या रोग फैलाने वाले जीवाणुओं की वर्षा मनुष्यों को सद्‌बुद्धि प्रदान करने में और अधिक सफल सिद्ध होगी।

दूसरी बात यह कि विज्ञान ने राष्ट्रों को परस्पर लड़ने के नए अवसर भी प्रदान किए हैं। इन अवसरों से मेरा अभिप्राय ऐसी बातें नहीं जैसे किसी देश की यूरेनियम की खान या शांत महासागर का कोई टापू जिसमें कार्बनिक उर्वरक की बहुतायत हो। और न ही इससे मेरा अभिप्राय किसी दूसरे राष्ट्र के कारख़ाने या वहाँ के कुशल नागरिक हैं। ये सब वस्तुएँ तो हमारी साधारण आवश्यकताओं के अलावा हैं जो हमारी साधारण आवश्यकताएँ स्वयं बना लेती हैं और यही हमारी सभ्यता की विशेषता है। विश्व में आज युद्ध का आधार हमारी यही अतिरिक्त आवश्यकताएँ हैं। राष्ट्रों की लिप्सा का उद्देश्य यही है और यही उन्हें युद्ध के प्रशिक्षण के लिए समय और तैयारी के लिए साधन देता है। अंततः व्यक्तिगत रूप से हम इतने लोभी हैं कि हमारे पास जो अतिरिक्त वस्तुएँ हैं हम उन्हें दूसरों में नहीं बाँट सकते। और सामूहिक रूप से हम इतने मूर्ख हैं कि हम इन अतिरिक्त वस्तुओं को हथियार इकट्ठा

करने की पुरानी परिपाटी के अलावा अधिक अच्छे ढंग से जोड़ कर रख नहीं सके। विज्ञान दावा कर सकता है कि हमारे समाज में बहुतायत लाने का श्रेय उसी का है, और हम अपने दैनिक कार्य और दैनिक भोजन के आधार पर जानते हैं कि विज्ञान ने पिछले दो सौ वर्षों में इसे कितना बढ़ाया है। बहुतायत विज्ञान ने की है। और अब आप विश्व के किसी भाग के इस वर्ष के बजट की तुलना 1750 के बजट से करें तो आप देखेंगे कि हम इसका क्या कर रहे हैं।

मैं स्वयं यह सोचता हूँ कि विज्ञान ने आधुनिक युद्ध-प्रणाली को एक तीसरा आयाम प्रदान किया है। विज्ञान ने युद्ध-तंत्रिकाओं (Warnerves) और तंत्रिक-युद्ध (War of nerves) कर विकास किया है। मैं तंत्रिका-युद्ध के लिए तकनीकी बातों अर्थात् कैमरामैन, रेडियो और शक्ति के सामूहिक प्रदर्शन का ज़िक्र नहीं कर रहा। मैं तो उस वातावरण के बारे में सोच रहा हूँ जब ज़रा युद्ध की स्थिति दिखाई दे और हमें ऐसा प्रतीत हो जैसे कि वास्तव में युद्ध छिड़ गया हो। पिछले तीस वर्षों में ऐसी मानसिक परिस्थितियाँ अनेक बार हमारे सामने आई हैं। हमारा मन स्पष्ट भागों में बँट गया है—एक मानवीय और दूसरा क्रूर पाशिवक। और इन दोनों के बीच खाई बढ़ सकती है और मनुष्य दुष्ट सरलता से, घृणा तथा निराशा के कमीने से कमीने साधनों द्वारा जिनकी मेरे बचपन में, सभ्य समाज में कल्पना भी नहीं की जा सकती थी, इसमें गिर सकता है। मन की इस खाई अथवा भेद के बारे में मैं फिर चर्चा करूँगा क्योंकि युद्ध के अपराधों की सूची में इस भेद का महत्त्व एक मद से कहीं अधिक है। किंतु यह एक मद है अवश्य। यह विनाश की परिस्थितियों के निर्माण में सहायता प्रदान करती है। और मेरे विचार में इसमें विज्ञान का अंशदान है। हमारे मन के उपर्युक्त विभाजनों में बड़ा हाथ इस बात का है कि एक ओर विज्ञान है—रहस्यमय और शक्तिमान—और दूसरी ओर लोग ऐसे हैं जो विज्ञान से प्रभावित तो हैं किंतु इसके बारे में अनभिज्ञ और असहाय हैं। और वैज्ञानिक इस उत्तरदायित्व से नहीं बच सकते। उन्होंने विज्ञान को रहस्यमयी, अजनबी, भावनाहीन शक्तिशाली स्वर विशेषज्ञ और देवता के रूप में काम करने का मज़ा लूटा है। उन्होंने जनसाधारण की बातचीत में कभी भाग नहीं लिया; यद्यपि यह सच है कि उन्हें किसी ने भाग लेने का ढंग नहीं

सिखाया और वे भी सीखने के लिए उत्सुक नहीं थे। जब दिखाई दे रहा है कि जनसाधारण तथा वैज्ञानिकों के बीच जिस भेद का वैज्ञानिक आनंद ले रहे हैं, अब अविश्वास में परिवर्तित हो गया है और विस्मय भय में बदल गया है। लोग जिन्हें किसी प्रकार भी मूर्ख नहीं कहा जा सकता वास्तव में यह विश्वास करने लग गए हैं कि हम विज्ञान के बिना अधिक सुखी रहेंगे।

4

ये वे आरोप हैं जिनसे वैज्ञानिक मुक्त नहीं हो सकते। निस्संदेह इन आरोपों की भाषा भद्दी है जिसके कारण वैज्ञानिक संयुक्त ज़िम्मेदारी संबंधी सामान्यीकरणों द्वारा बच जाते हैं और वे ग़लत भी नहीं होते। आखिर परमाणु शोध के लिए धन देने के लिए वोट किसने दिया था ? तो भी ये आरोप बिल्कुल सही हैं यद्यपि सब-के-सब प्रासंगिक नहीं होते। मूल समस्या यह नहीं है जिसकी बस की पंक्ति या मद्यशाला में खड़े होने वाले लोग तलाश करते हैं। वे अपनी बात अच्छी तरह से नहीं कह सकते और पूछने वाले को आदर्श उत्तर भी नहीं दे सकते। किंतु जब वे यह कहते हैं कि 'हम उचितानुचित भूल गए है' या 'हम ऐसी चीज़ों को काम में लाने योग्य नहीं' तो ऐसी स्थिति में जो कुछ उनके मन में होता है वह बिल्कुल सत्य है। विज्ञान और समाज आज विश्रृंखल हैं। विज्ञान ने विशेष रूप से किसी एक को सत्ता नहीं दे रखी, जिसका कोई एक व्यक्ति विशेष रूप से उपयोग न कर सके। वैज्ञानिक क्यों नहीं किसी ऐसी वस्तु का आविष्कार करते जिसे लोग समझ सकें। विवाहित स्त्रियों के पैर की अँगुली की जब भी कूड़े की पेटी से ठोकर लगती है तो वे यही कहती हैं और घर में जब कभी बिजली का फ्यूज़ उड़ जाता है तो पुरुष भी यही बात कहते हैं। कोई व्यक्ति ऐसा क्यों नहीं करता कि वह विज्ञान को मृत्यु के मार्ग से हटाकर हमारे जीवन के लिए उपयोगी बना दे ? यह मानना होगा कि युद्धप्रिय विज्ञान युद्धप्रिय समाज का गौण उत्पादन मात्र है। विज्ञान ने तो साधनों की व्यवस्था की है—अच्छाई के लिए या बुराई के लिए—किंतु समाज ने उनका प्रयोग बुराई के लिए किया है। परंतु हम इस संबंध में क्या कर रहे हैं ?

मेरे विचार में पहली बात तो यह है कि हमें इस समस्या को वैज्ञानिक

समस्या समझना चाहिए। इससे मेरा अभिप्राय यह है कि हमें इसे एक व्यावहारिक तथा युक्तिसंगत प्रश्न समझना चाहिए जिसके हल के लिए तथ्यों के आधार पर चलना चाहिए और युक्तिसंगत उत्तर ढूँढ़ना चाहिए। अब मैंने वैज्ञानिकों की ओर से आरोप का ऐसा उत्तर दे दिया है कि उनमें से कुछ इसे बहुत अधिक मानेंगे इसलिए इस समय जैसा कि आमतौर पर होता है, हमें दोषारोपण की वृत्ति को समाप्त कर देना चाहिए। वैज्ञानिक अपनी ग़लतियों के संबंध में जागरूक हैं; और अब मैं केवल उन ग़लतियों को छोड़कर जिन्हें हम सबको ठीक करना चाहिए, ग़ैर वैज्ञानिकों की ग़लतियों की चर्चा नहीं करना चाहता यद्यपि उन्होंने भी अनेक ग़लतियाँ की हैं।

अभी-अभी मैंने कहा है कि वैज्ञानिक उत्तर निश्चित रूप से व्यावहारिक और युक्तिसंगत होना चाहिए। इससे वास्तव में ऐसे सभी अचूक हल बेकार हो जाते हैं जो सीधे ही यह कह देते हैं, "वैज्ञानिकों से पीछा छुड़ा लो।" जिनके सम्बन्ध में इस समय तर्क की बिल्कुल गुंजाइश नहीं रह जाती। मुझे यह बात ठीक नहीं लगती कि वैज्ञानिकों से पीछा छुड़ा लिया जाए; और फिर यह संभव भी नहीं। और हम वैज्ञानिकों के संबंध में चाहे जो कुछ भी करें किंतु विरोधी राष्ट्रों के वैज्ञानिकों को हम समाप्त नहीं कर सकते; क्योंकि यदि इतनी दूरव्यापी योजना के संबंध में राष्ट्रों के बीच एकमत हो सकता तो युद्ध की परिस्थितियाँ पहले से ही समाप्त हो गयी होतीं। यदि अन्तर्राष्ट्रीय समझौते के लिए ऐसी परिस्थितियाँ विद्यमान होतीं, जिनके अनुसार मान लो सभी प्रकार के वैज्ञानिक अनुसंधान-कार्य स्थगित कर दिये जाते या युद्ध संबंधी अनुसंधान-कार्य त्याग दिया जाता या किसी और तरीक़े से राष्ट्रीयता के साधन के रूप में विज्ञान को छोड़ दिया जाता—यदि ऐसे समझौते हो सकते तो वे अपने-आप बेकार हो जाते क्योंकि इनका अर्थ होगा कि युद्ध की परिस्थितियाँ समाप्त हो चुकी हैं। इसलिए 'एरव्होन' में सेम्युअल बटलर ने सब प्रकार की मशीनों को त्याग देने के लिए अचूक हल का जिक्र किया है, उसकी हम चाहे कितनी भी कामना क्यों न करें उसके विषय में चर्चा करने का कोई लाभ नहीं। मेरा विश्वास है, ऐसी स्थिति तमोयुग के आगमन की भाँति मानवता के विनाश की स्थिति होगी। किंतु इस सम्बन्ध में तर्क करना व्यर्थ है। यह न तो राष्ट्रीय स्तर और न ही अंतर्राष्ट्रीय स्तर पर व्यावहारिक हल है।

वास्तव में अचूक हल कोई नहीं है; और अच्छा यह होगा कि हम इस स्थिति को मानकर चलें। इस संबंध में हमारे पास ऐसी कोई चीज़ नहीं जिससे एक रात, एक सप्ताह या एक महीने के अंदर-अंदर अपने समाज की पुरानी बिगड़ी हुई तस्वीर को तुरंत ही ठीक करा सकें। हमें इस भ्रम में नहीं रहना चाहिए कि हम में से कोई व्यक्ति अचानक ही 'द टाइम्स' के लिए एक ऐसा उत्साहजनक पत्र गढ़ लेगा और राजनयकों के लिए हिदायतें लिख देगा जिससे इतिहास की विनाशक वृत्ति बदल जाएगी। न तो वैज्ञानिकों को मंत्रीमंडल में लेने, स्त्रियों को युद्ध कार्यलय में नौकरी देने और न ही प्रीवी कौंसिल में पादरियों को स्थान देने से ऐसा ही हो सकेगा। इस समस्या का कोई हल नहीं है। हमें एक ऐसी परंपरा उत्तराधिकार से मिली है कि जिसने विज्ञान और समाज को असामंजस्य की स्थिति में रखा है। साधारण व्यक्ति ठीक ही कहता है, हमने इन बातों को सीखने का कभी प्रयत्न नहीं किया। जब तक हम सीखते नहीं तब तक कोई समस्या हल नहीं होगी। लेकिन सीखने का काम कोई एक वर्ष में पूरा नहीं हो जाता। हमारा अतिजीवन अंततः हमारे ही हाथों में है। जब हम सीख रहे होंगे उस समय हमारा अतिजीवन अनिश्चित-सा होगा। इस संबंध में यथार्थवादी होना ही ठीक है।

अच्छा तो यही है कि इसी बीच हम अपने अंतिम अतिजीवन के लिए कार्य करना आरंभ कर दें और तुरंत करें। हम देखते हैं कि यह निदान कोई बहुत कठिन नहीं है। विज्ञान और हमारी सामाजिक प्रवृत्तियों में कोई मेल नहीं। और इसका उपचार भी कोई कठिन नहीं। हमें इन दोनों में समन्वय करना सीखना चाहिए। और इन दोनों के समझे बिना उसे सीखने का कोई और तरीक़ा नहीं है।

5

निस्संदेह विज्ञान और सामाजिक प्रवृत्तियों में विज्ञान ही विचित्र है। इसके लिए मैंने पहले ही वैज्ञानिक को दोषी ठहराया है। वैज्ञानिक हमारे युग का साधु है, वह भीरु है, दमित है और चाहता है कि लोग उसे सहायता के लिए कहें; मन-ही-मन में उसकी यह इच्छा है कि वह अति बुद्धिमान के रूप में समझा जाए। बचपन की ग़रीबी में ही वह ऐसा स्वप्न लेता था। वैज्ञानिक कौशल

उसके लिए एक ऐसा मार्ग था जो उसे देश के उच्च पदाधिकारियों के समाज में ले जा सकता था। किंतु वैज्ञानिकों की निजी प्रेरणाओं से विज्ञान की प्रवृत्ति का पता नहीं चलता। समाज की आवश्यकताएँ विज्ञान की प्रवृत्ति को जन्म देती हैं–जैसे अठारहवीं शताब्दी से पहले नौपरिवाहन, उसके बाद औद्योगिक उत्पादन और हमारे युग में, मेरे विचार में व्यक्तित्व की स्वतंत्रता। वैज्ञानिक चाहे कुछ भी करना चाहें और चित्रकार इसे कोई भी रूप देना चाहें, विज्ञान हमारे समाज के उद्देश्यों को पूरा करने में उतना ही योगदान देता है जितना कि कला। दोनों में से किसी एक को भी समझने की कठिनाइयाँ बुनियाद नहीं हैं; कठिनाइयाँ तो केवल भाषा की हैं। विज्ञान के बड़े-बड़े विचारों को जानने के लिए धैर्य और ध्यान की आवश्यकता है और मुझे आशा है कि मैंने यह दिखा दिया है कि इससे निश्चय ही लाभ होता है।

पिछले दो वर्षों से इन विचारों को तकनीकी आवश्यकताओं के लिए काम में लाया जा रहा है; और इन विचारों ने बड़ी शान के साथ हमारे संसार को एक सिरे से दूसरे सिरे तक बिल्कुल नया बना दिया है। हमारे जूतों का चमड़ा अब कमाया हुआ होता है और जूतों की सिलाई की जाती है, हमारे कपड़ों का धागा काता जाता है, रँगा जाता है और फिर उसे बुना जाता है, हम रोशनी में रहते हैं और एक स्थान से दूसरे स्थान को जाते हैं और ऐसे-ऐसे साधनों द्वारा हमारी चिकित्सा होती है जिनका 1740 में ट्विक्कनहेम में पोप जैसे स्वच्छ व्यक्ति को पता नहीं था। हिरोशिमा में जो 80,000 व्यक्ति मारे गए थे, उसकी तुलना में यह बहुत है–ऐसा सोचा भी जा सकता है और नहीं भी। हम ऐसा न सोचें कि आज ट्विक्कनहेम में किसी भी पोप के न होने के बदले में विज्ञान की उपलब्धियाँ पर्याप्त हैं; हम तो विज्ञान को इसका ज़िम्मेदार भी ठहरा सकते हैं। निश्चय ही विज्ञान कोई आध्यात्मिक सफलता नहीं। किंतु इसने आध्यात्मिक होने का कभी, प्रयत्न भी नहीं किया। इसने नीरसता से अपने विचारों का जूते-चमड़े और साइकिल की घंटी के संबंध में उपयोग किया है। और निस्संदेह उनसे बहुत अच्छा काम लिया है। आइए, इसके अपने क्षेत्र के परिणामों को उसी युग के किन्हीं और विचारों जैसे कल्पना के संबंध में बर्क के विचारों या सरकार के विषय में बेन्थम के विचारों या राजनीतिक-अर्थशास्त्र के संबंध में एडम स्मिथ के विचारों से तुलना करें। निर्माण

के आधार पर यदि किसी प्रकार के विचार रचनात्मक होने का दावा कर सकते हैं, तो वे निश्चय ही विज्ञान के ही विचार हैं।

हम ऐसा सोच सकते हैं कि विज्ञान ने केवल सुख की उत्पत्ति की है; और निश्चय ही विज्ञान ने ऐसा किया है—आधुनिक दृष्टि से 'सुखी' शब्द का प्रादुर्भाव ही औद्योगिक कांति के साथ हुआ है। किंतु क्या हमने यह विचार किया है कि विज्ञान ने हमारे रहन-सहन को नहीं हमारे जीवन को क्या बना दिया है ? हम मृत्यु के संबंध में अनुसंधान की चर्चा करते हैं, युद्ध की आशंका और मरने वाले नागरिकों की संख्या की चर्चा करते हैं, लेकन क्या हमने कभी इसकी तुलना में जीवनकाल में होने वाली वृद्धि को भी आँका है ? आइए थोड़ा-सा हिसाब लगाएँ। ब्रिटेन के अन्दर युद्ध के दिनों जर्मनी के बमों, उड़ने वाले बमों, और वी-2 से साठ हज़ार व्यक्ति मारे गए। वे औसत आयु के लोग थे, जिसका अर्थ यह हुआ कि औसतन उनकी आधी आयु कट हो गई। आसानी से लंबा भाग देने पर यह पता चलता है कि 5 करोड़ की जनसंख्या पर इसका प्रभाव यह पड़ा कि औसत आयु एक प्रतिशत के दसवें हिस्से से भी थोड़ी कम हुई। यह कमी 15 दिन के लगभग है। इतनी तो रही हानि, परंतु लाभ की दिशा में हम यह देखते हैं कि पिछले सौ वर्षों में इंग्लैंड में औसत आयु 20 वर्ष बढ़ी है। विज्ञान की कीमत यही है—पंद्रह दिन के बदले बीस वर्ष—चाहे इसे आप स्वीकार करें या छोड़ दें। और ये बीस वर्ष विज्ञान के साधारण विचारों, मूलभूत विचारों अर्थात् क्रम, कारण और संयोग के विचारों का, जिनके विषय में मैंने पहले कहा है, हमारे कपड़ों और बिस्तरों, स्वच्छता और बीमारी, जन्म और मृत्यु की दैनिक समस्याओं पर प्रयोग करके इकट्ठे किये गये हैं। यदि किसी प्रकार के विचार रचनात्मक होने का दावा कर सकते हैं क्योंकि उन्होंने जीवन का निर्माण किया है, तो वे विज्ञान के विचार हैं।

6

अपनी सामाजिक व्यवस्था में हमने इन विचारों का बिल्कुल त्याग नहीं किया है। किंतु मैंने कई बार उल्लेख किया है कि हम इन विचारों से बहुत पीछे रहे हैं। क्रम का विचार इतना पुराना हो चुका है कि वह अब संदूक में रखने के योग्य हो गया है। कारण और प्रभाव का विचार हमारे स्वभाव में इस

प्रकार घुस गया है कि प्रशासनिक योजनाएँ तैयार करने में यह एक नया पूर्व-सिद्ध बन गया है। जब यह विचार शास्त्रीय फ़ार्मूले का रूप धारण करता जा रहा है तो ऐसी स्थिति में इसे निकालना कठिन हो रहा है, क्योंकि हमारे समय में विज्ञान को जिस विचार ने नई स्फूर्ति दी है वह कारण और प्रभाव की मशीन से कहीं अधिक बड़ा है। यह विचार वर्तमान और भविष्य के बीच किसी विशेष संबंध के विषय में कोई निश्चित बात नहीं बताता। यह विचार भविष्य के बारे में बताकर ही रह जाता है और इस बात पर ज़ोर नहीं देता कि संगणना को निश्चय ही कारणात्मक नियम का अनुसरण करना चाहिए। मैंने इस संयोग के विचार का नाम दिया है क्योंकि इसकी पद्धति सांख्यिकीय है और इस विचार में इस बात को स्वीकार किया गया है कि प्रत्येक पूर्वसूचना में किसी सीमा तक अनिश्चितता होती है। अच्छी पूर्वसूचना वही है जिसमें उसकी अनिश्चितता के क्षेत्र का पता हो; ख़राब पूर्वसूचना में इसकी परवाह ही नहीं की जाती। अंततः, यह अनिवार्य रूप से, विज्ञान के आनुभविक तथा प्रायोगिक रूप की ओर पुनः जाने के अतिरिक्त और कुछ नहीं। विज्ञान की कई बातें हैं और मैंने उन्हें कई नाम दिए हैं; किंतु अंत में वे सब इस बात पर पहुँच जाती हैं, विज्ञान उस प्रक्रिया की स्वीकृति का नाम है जो सफल हो जाती है और उस प्रक्रिया की अस्वीकृति का, जो असफल हो जाती है। इसके लिए जितने साहस की आवश्यकता पड़ती है, उसकी हम कल्पना भी नहीं कर सकते।

इसके लिए हमें उससे भी कहीं अधिक साहस की आवश्यकता होती है, जितनी कि हमें अपनी सांसारिक समस्याओं को हल करने के लिए ज़रूरत होती है। समाज का विज्ञान से इसलिए संपर्क नहीं रहा क्योंकि समाज ने अपने आपको कभी भी सफल और असफल के अवैयक्तिक नियम से जाँचने का प्रयत्न नहीं किया। हम सदा ही एडम स्मिथ और बर्क से चिपके रहे हैं या युद्ध तथा अकाल में, बढ़ती तथा घटती जन्म-दरों में और बड़े-बड़े शास्त्रीय तर्कों में हमने प्लेटो और एक्विनास के नामों की रट लगाई है। और अंत में हमारी आँखें हमेशा जन्म-दर से इस तर्क पर आ पहुँचती हैं, जन्म-दर से उस बात तक जिसमें हम विश्वास करना चाहते हैं। मेरी सब बात का यही सार है। सर्वनाश से बचने के लिए अंतिम आशा यही है कि हमें समझ में आ जाए कि सभी प्रकार के

ज्ञान का मूल अनुभव ही है; और सफलता-असफलता की कसौटी यही है, और हमें इसी के अनुसार काम करना चाहिए चाहे वह सांसारिक हो या प्रयोगशाला का।

थोड़े से शब्दों में विज्ञान का संदेश यह है–हमारे विचार यथार्थवादी, लचकीले, और पक्षपातरहित होने चाहिए–ये मानवीय होने चाहिए और इन्हें स्वयं अपनी सत्ता का निर्माण करना चाहिए। यदि कोई विचार रचनात्मक होने का दावा कर सकते हैं क्योंकि उन्होंने उस रचनात्मक प्रेरणा का संचार किया है तो वे विज्ञान के ही विचार हैं।

7

यह केवल भौतिक संहिता ही नहीं है। इसके विपरीत मुझे आशा है कि विज्ञान उस आध्यात्मिक दरार को भी भर देगा जिस पर से दो महायुद्धों ने पर्दा उठाया है। मैंने अपने जीवनकाल में ही मानव मन में एक अथाह खाई उभरती देखी है, एक ऐसी खाई जो मनुष्य बनने के प्रयत्न और क्रूर बनने के आनंद के बीच पाई जाती है। इस खाई को बढ़ाने में वास्तव में वैज्ञानिक का भी हाथ था और विशेषज्ञ का भी जो अपने आपको साफ़ अलग रखता था और जिसमें देववचनतुल्य अहंकार होता था। किंतु इसमें संदेह नहीं कि इस खाई को चौड़ा करने में सबसे अधिक दोष समाज का है। हमने मनुष्यों के जीवन को दो भागों में बाँट रखा है–छुट्टी के दिन का जीवन और काम के दिन का जीवन। हमने उन्हें सीख दी है कि अपने पड़ोसी को प्यार करें और यदि कोई एक गाल पर तमाचा मारे तो दूसरा गाल आगे कर दें और यह सीख ऐसे समाज में दी है कि जहाँ वे निरंतर अपने पड़ोसी को धक्का देने में लगे रहते हैं और दूसरा गाल सामने करने की बजाय मुँह मोड़ लेते हैं। इस प्रकार हमने असफलता की दानविक भावना पैदा कर दी है जिसे, हम स्वयं हानि उठाने के बाद समझ गए हैं, भयंकर आसानी से उभारा जा सकता है और जो बड़ी विस्फोटक शक्ति से ऐसा प्रतीक पैदा कर सकती है कि दुखी लोगों को अपना नीचतम स्वप्न दिखाई दे जाए।

क्या विज्ञान हमारी इस रुग्णतंत्रिक अपूर्णता का उपचार कर सकता है ? यदि विज्ञान ऐसा नहीं कर सकता तो वह किसी प्रकार भी संभव नहीं।

इस संबंध में हमें किसी प्रकार के भ्रम में नहीं रहना चाहिए। ऊँचे-ऊँचे नैतिक सूत्रों में इसका कोई उपचार नहीं। हमने ये सूत्र काफ़ी समय तक उन लोगों को पढ़ाए हैं जो अपनी वर्तमान अवस्था में रहने को विवश हैं। उससे उन पर इतना अधिक बोझ पड़ता है जिसे वे बर्दाश्त नहीं कर सकते। हमें एक ऐसे नीतिशास्त्र की आवश्यकता है जो नैतिक भी हो और क्रियात्मक भी। प्रायः यह कहा जाता है कि विज्ञान ने हमारे मूल्य नष्ट कर दिए हैं और उनके स्थान पर कुछ नहीं दिया। वास्तव में स्थिति यह है कि विज्ञान ने बड़े मोटे तौर पर हमारे मूल्यों और हमारे संसार के बीच के अंतर को स्पष्ट कर दिया है। हमने अभी तक विज्ञान को समझने का प्रयास ही नहीं किया तो वह इन मूल्यों का निर्माण कैसे करता ? हमने इससे इच्छाविहीन मशीन के रूप में काम लिया है, वैसे ही जैसे जिलाए हुए प्रेत से घरेलू काम लिया जाए। मेरा विश्वास है कि विज्ञान मूल्यों का निर्माण कर सकता है; और निश्चय ही साहित्य की भाँति विज्ञान भी, मानव के व्यक्तित्व में झाँककर मूल्यों का निर्माण करेगा। विज्ञान यह सामने रखते हुए कि कौन-सी चीज़ उसके व्यक्तित्व को बाँटती है और कौन-सी जोड़ती है, मान्यताओं का निर्माण करेगा। महान् लेखकों ने इसी प्रकार मनुष्य के व्यक्तित्व की छानबीन की है और यही एक ऐसी बात है जिससे मनुष्य के रूप में चाहे 'गुलीवर्स ट्रेवल्स' में मानसिक कष्ट से या 'माल फ्लैंडर्स' में सहानुभूति से प्रेरणा मिलती है। विज्ञान की अंतर्दृष्टि कला की अंतर्दृष्टि से भिन्न नहीं है। मुझे विश्वास है कि विज्ञान जब मानव के अंदर झाँक कर देखेगा तो मूल निर्माण करेगा और गुणों को पहचानेगा, तभी जब वह ढूँढ़ेगा कि ऐसी कौन-सी चीज़ है जो उसके समाज को मानव समाज बनाती है पशुओं का समूह नहीं।

मेरा विश्वास है कि अपनी संस्कृति में हम उस एकता तक पहुँच सकते हैं। इस पुस्तक के आरंभ में मैंने यह बात कही थी कि विभिन्न राष्ट्रों के महान् युग कला या विज्ञान के महान् युग नहीं थे बल्कि वे कला और विज्ञान के महान् युग थे। रेम्बरा, ह्यूजिन्स और स्पिनोज़ा का समकालीन था। ठीक उसी समय आइसाक न्यूटन, ड्राइडन और क्रिस्टोफर रेन के साथ कंधे से कंधा मिलाकर चल रहा था। हम जानते हैं कि हमारा युग विज्ञान का अपूर्व युग है। अब यह हमारा काम है कि हम इससे अपनी संस्कृति का विस्तार और

विकास करें। ये विज्ञान के लक्षण हैं कि यह सबके लिए समान है और सभी इसकी आवाज़ को सुन सकते हैं और अपने मन की बात कह सकते हैं। सर्वोत्तम संसार और मानवीय आत्मा के यही लक्षण हैं, जब यह आत्मा सबसे अधिक चुनौती देने की अवस्था में हो।

पारिभाषिक शब्द-सूची

अणु रचना	Molecular structure
अतिजीविता	Survival
अनात्मवादी	Unspiritual
अंतप्रेरणीय	Intuitive
अपक्षरण	Erosion
अमूर्त	Abstract
अवकल समीकरण	Differential equation
आकाशीय पिंड	Heavenly body
आगमनात्मक	Inductive
आनुभविक	Empirical
आनुवंशिकता	Heredity
आनुवंशिकी	Genetics
आवर्त सारणी	Periodic Table
आयाम	Dimension
उपकरण	Apparatus
ऊष्मा	Heat
ऊर्जा	Energy
तमोयुग	Dark age
तत्त्वमीमांसा	Metaphysics
तरंग	Wave
तंत्रिक-तंत्र	Nervous system

कक्ष	Orbit
कलन	Calculus
कण-भौतिकी	Mechanics of particle
क्रांतिक आकार	Critical Size
कारणवाची	Causal
कारणात्मक सिद्धांत	Causal theory
खगोल विद्या	Astronomy
खगोलीय	Celestial
गणना यंत्र	Computor
ग्रह	Planet
ग्रह-घर	Planetarium
गुरुत्वाकर्षण	Gravitation
जननकारक	Genetic factors
ज्यामिति	Geometry
जीन	Gene
जैविक	Biological
तत्त्व	Element
परिकक्ष	Shell
प्रतिमान	Standard
पार्थिव	Earthly
पूर्वकथन	Prediction
तुण्ड	Nozzle
दंडाणु	Bacillus
दीर्घवृत्त	Eillipse
दोलन	Oscillation
दैनिकीकार	Diarist
धूमकेतु	Comet
नाभिकीय	Nuclear
निगमनिक	Deductive

निनैतिक	Amoral
नियतत्त्ववाद	Determinism
नियामक	Regulating
पदार्थ	Matter
पराध्वानिक	Supersonic
उड़ान	flight
परास	Range
प्रक्रिया	Process
प्रत्यास्थता	Elasticity
प्रकाशिकी	Optics
प्रमेय	Theorem
प्रेक्षण	Observation
प्रतिवर्त	Reflex
प्रमेद	Strain
प्रयोगशाला	Laboratory
संकरीकरण	Crossing
संक्रमण	Transition
संशयवादी	Agnostic
संहति	Mass
संरक्षण	Conservation
सदृश्य	Configuration
पूर्वसिद्ध:	A priori
भोगवादी	Epicurean
भौतिकी	Physics
भौतिकवादी	Materialistic
मंगल	Mars
मतसर्वेक्षण	Survey of opinion
मणिभ	Crystal
यकृत पर्णाभ	Liver-fluke

यादृच्छिक	Random
रेडियोधर्मी	Radio active
रुग्णतंत्रिक	Neurotic
लोलक	Pendulum
वंशानुक्रमण का सिद्धांत	Law of inheritance
वर्णांधता	Colour blindness
विद्युत-चुंबकीय	Electro-magnetic
विषाणु	Virus
वैधशाला	Obsevatory
शैल-स्तर	Stratum
स्वच्छंद	Romantic
पुनरुत्थान	Revival
समीकरण	Equation
सामान्यीकरण	Generalisation
सूक्ष्मदर्शी	Microscope
सूत्र कृमि	Thread-worm